高职高专“十四五”规划教材

公差配合与技术测量

(第5版)

习　题　册

主　编　王立波　赵岩铁
副主编　艾明慧　张　弦　王丽丽
主　审　吕修海

北京航空航天大学出版社

目　录

第1章　概　论

一、判断题(正确的在括号内画√,错误的画×)

1. 加工误差分为尺寸误差与几何误差、表面粗糙度三类误差。 (　)

2. 尺寸误差是尺寸真值与公称尺寸之差。 (　)

3. 互换性只是要求零件在使用功能上可以互相代替使用。 (　)

4. 零件的装配互换性要求零件的尺寸相差不大、形状基本相同,应分别满足公差要求。 (　)

5. 采用现代的精加工技术可以不产生加工误差。 (　)

6. 互换性的条件是:零件的尺寸与形状应绝对的完全一致。 (　)

7. 允许零件在加工时产生的加工误差越大,其加工成本越低。 (　)

8. 标准化就是制订标准与贯彻标准的过程。 (　)

9. 本课程所涉及的标准是强制性国家标准。 (　)

10. 零件的几何尺寸是按一定的传递链向有关产品上进行传递,所以零件的尺寸应标准化。 (　)

11. 如果零件的尺寸值越多,则加工零件所用的刀、夹、量具的数量就越多,所以零件的加工经济性就不好。 (　)

12. 零件的加工误差是由机床、刀具、夹具、量具、加工环境所组成的工艺系统所引起的。 (　)

二、选择题(将正确答案的字母填写在横线上)

1. 若轴的尺寸合格,孔的尺寸不合格,则装配以后的结合__________。

   A. 是符合设计要求的,孔、轴均有互换性

   B. 是符合设计要求的,孔、轴均无互换性

   C. 是不符合设计要求的,孔、轴均无互换性

   D. 是不符合设计要求的,轴有互换性,孔无互换性

2. 发动机的活塞与缸套按尺寸分为四组,每组之间可以互相代替使用,这种互换性为__________。

   A. 完全互换性　B. 分组互换性　C. 调整互换

3. 国家标准分为__________。

   A. 强制性标准　B. 推荐性标准　C. 参考性标准　D. 强制性标准、推荐性标准

4. 零件的几何参数误差包括__________。

   A. 尺寸误差、形状误差　B. 尺寸误差、表面粗糙度、几何误差

   C. 表面粗糙度、几何误差

5. 我们在手机商店里选择所要更换的手机电池时,核对__________是保证手机电池的功能互换性。

   A. 电池的几何尺寸　B. 电池的外观图形

   C. 电池的额定电压、额定容量

三、填空题(将正确答案填写在横线上)

1. 零件的互换性分为________和________。

2. 标准化是________与________的过程。

3. 按互换性进行生产可以有以下几个优点:________、________、________。

4. 标准按适用的范围可分为________、________、________、________四类。

5. 影响零件的几何互换性的主要因素是:________、________、________。

6. 一几何尺寸为25 mm,其属于哪个优先数系________。

7. 一几何尺寸为170 mm,其属于哪个优先数系________。

8. 零件给定的公差值越小,其加工精度________,加工成本________。

9. 在商店购买照明灯时,依据所损坏的照明灯的技术参数,核对________是保证功能互换性,核对________是保证装配互换性。

四、综合题

1. 试举出在生产、生活中互换性的例子,并对其功能互换性、几何参数的互换性要求进行分析。

2. 互换性对农机维修的作用有哪些?试举出拖拉机、汽车中具有互换性的零件。

3. 什么是加工误差?加工误差的种类有几种?试分析加工误差对互换性的影响。

4. 在机械设计中零件的尺寸要选择标准尺寸值,为什么要选择标准尺寸值?

5. 标准的作用有哪些?为什么要不断地修订标准?试举出你用过的国家标准。

6. 学习本章后,谈谈你对本课程的认识。

7. 在两块钢板上加工ϕ35的孔,用螺栓连接,试分析该孔直径影响哪些刀具、量具及工艺装备的尺寸。

8. 查教材表1-1可知,4.00为R5系列中的尺寸,ϕ0.4、ϕ40、ϕ400是否也为R5系列尺寸?给出理由。

9. R10系列中10~100的优先数有哪些?

10. 试分析完全互换性与不完全互换性的区别,请举出不完全互换性的例子。

11. 公差控制哪些几何参数,从而保证零件的互换性的?

12. 试分析加工误差产生的原因。

第2章 光滑圆柱体的公差与配合

一、判断题(正确的在括号内画√,错误的画×)

1. 几何要素是构成零件几何特征的点、线、面。 ( )

2. 一个圆柱面是组成要素,对应的圆柱面轴线是由该圆柱所导出的要素。 ( )

3. 同一个实际组成要素可以有多个提取组成要素。 ( )

4. 导出要素与组成要素都具有理想的几何形状。 ( )

5. 经过加工得到的几何要素是公称几何要素。 ( )

6. 某孔的局部尺寸小于某轴的局部尺寸时,该孔与轴相配合就形成过盈配合。 ( )

7. 极限偏差是由设计给定的,可以用于判定零件尺寸合格与否。 ( )

8. 公差是上极限尺寸与下极限尺寸之差。 ( )

9. 区别某种配合是基孔制还是基轴制,主要看配合中是孔还是轴为基准件。（　）
10. 对于一个尺寸的极限偏差,可能上极限偏差要小于下极限偏差。（　）
11. 对于轴 h 的基本偏差为 es=0 。（　）
12. 对于轴 p 的基本偏差为 ei 且大于零。（　）
13. 公差等级数值越大,其尺寸的精度等级越高。（　）
14. 对于与标准件配合,应依据标准件的公差特性选择相应的基准制。（　）
15. 对于一般机械零件的重要配合其公差等级应选择 IT5~IT8 级。（　）
16. 基准制的选用不仅要考虑工艺和结构,而且还与使用要求有关。（　）
17. 公差等级的选用应在保证使用要求的条件下,尽量选择较低的公差等级。（　）
18. 选用配合种类的主要根据是零件的结构工艺性。（　）
19. 尺寸公差值大的零件公差等级一定比尺寸公差值小的公差等级低。（　）
20. 孔 ϕ50R6 与轴 ϕ50r6 的基本偏差绝对值相等,符号相反。（　）
21. 公差是上极限尺寸与下极限尺寸之差,所以公差为正值。（　）
22. 各级 a~h 的轴与基准孔必定构成间隙配合。（　）
23. 因为公差等级不同,所以 ϕ50H7 与 ϕ50H8 的基本偏差值不相等。（　）
24. 数值为正的偏差称为上极限偏差,数值为负的偏差称为下极限偏差。（　）
25. 配合公差越大,则配合越松。（　）
26. 一般来讲,ϕ50F6 比 ϕ50p6 加工难度大些。（　）
27. 一孔的尺寸标注为 $\phi 40^{+0.142}_{-0.08}$,则该孔的基本偏差为+0.142。（　）
28. 一孔的尺寸标注为 $\phi 60^{-0.009}_{-0.039}$,则该孔的基本偏差为−0.009。（　）
29. 间隙配合中的孔的公差带在相配合轴的公差带的上方。（　）
30. 过盈配合中的孔的公差带在相配合轴的公差带的上方。（　）
31. 过渡配合中的孔的公差带在相配合轴的公差带的下方。（　）
32. 过渡配合中的孔的公差带与相配合轴的公差带的相互重叠。（　）
33. 一孔的公差为 0.034,相配合的轴的公差为 0.021,其配合公差为 0.055。（　）
34. 一孔的公差为 0.041,相配合的轴的公差为 0.025,其配合公差为 0.060。（　）
35. 一配合的配合公差为 0.061,其孔的公差为 0.034,相配合的轴的公差为 0.021。（　）
36. 对于图样上未注公差的尺寸也有公差要求,按 IT10~IT12 级选取。（　）
37. 对于未注公差的线性尺寸公差规定了 f,m,c,v 四个公差等级。（　）
38. 对于未注公差的线性尺寸公差等级中 v 级比 f 级的公差等级高。（　）
39. 未注公差的尺寸公差等级主要用以评价车间的加工精度,供货双方要在合同中注明。（　）
40. 因为 ϕ50F6 与 ϕ180F6 两孔公差等级相同,所以其基本偏差也相同。（　）
41. 因为 ϕ30r6 与 ϕ150r6 两轴公差等级相同,所以其基本偏差也相同。（　）
42. ϕ30H7/m6 是基孔制过渡配合。（　）
43. ϕ80H7/m8 配合中轴的公差等级大于孔一级,是考虑到孔轴加工的工艺等价性。（　）
44. 孔轴配合定心精度要求越高,孔与轴的公差等级应越高。（　）

45. 同一公称尺寸的过渡配合应比大间隙配合的公差等级低。 ( )

二、选择题(将正确答案的字母填写在横线上)

1. 上极限偏差是________。

A. 公称尺寸与上极限尺寸之差　　B. 上极限尺寸与下极限尺寸之差

C. 下极限尺寸与公称尺寸之差　　D. 上极限尺寸与公称尺寸之差

2. 合格零件的实际尺寸应是________。

A. 上极限尺寸≥局部尺寸,且局部尺寸≤下极限尺寸

B. 上极限尺寸≥局部尺寸≥下极限尺寸

C. 上极限尺寸≤局部尺寸≤下极限尺寸

D. 上极限尺寸≤局部尺寸,且局部尺寸≥下极限尺寸

3. 尺寸公差是________。

A. 上极限偏差与下极限偏差之差的绝对值

B. 上极限尺寸与公称尺寸的代数差

C. 公称尺寸与下极限尺寸的代数差

D. 公称尺寸与作用尺寸的代数差

4. 某孔的上极限偏差为 ES=+21 μm,下极限偏差为 EI=+10 μm,则尺寸公差为________。

A. T_h=21 μm　　B. T_s=+11 μm　　C. T_h=10 μm　　D. T_h=11 μm

5. 轴的公称尺寸为 d=50 mm,d_{max}=50.035,d_{min}=49.98,则极限偏差为________。

A. es=+35 μm　ei=0 μm　　B. es=35 μm　ei=20 μm

C. es=+35 μm　ei=−20 μm　　D. es=−20 μm　ei=+35 μm

6. 轴的基本偏差代号 f 的基本偏差为________。

A. ES　　B. EI　　C. es　　D. ei

7. 孔的基本偏差有________个。

A. 21　　B. 26　　C. 19　　D. 28

8. 孔的基本偏差中相对零线对称分布的是________。

A. js　　B. M　　C. H　　D. JS

9. 配合代号 ϕ50H7/f6 是________。

A. 基孔制过渡配合　　B. 基轴制过渡配合

C. 基孔制间隙配合　　D. 基轴制过盈配合

10. 由配合公差 $T_p=T_h+T_s$ 大小,可知孔、轴配合的________。

A. 配合精度　　B. 松紧程度　　C. 配合类别　　D. 公差带图

11. 一配合为 ϕ80H7/e6 最大配合间隙为________。

A. X_{max}=+30 μm　　B. X_{max}=+109 μm

C. X_{max}=+60 μm　　D. X_{max}=+49 μm

12. 一配合为 ϕ80H8/r7 最大过盈为________。

A. Y_{max}=+46 μm　　B. Y_{max}=−76 μm

C. Y_{max}=+3 μm　　D. Y_{max}=−73 μm

13. 一孔的公差带为 ϕ40H7,与轴的公差带________配合形成过渡配合。

A. ϕ40d6　　B. ϕ40g6　　C. ϕ40s6　　D. ϕ40m6

14. 一轴的公差带为ϕ120h9,与孔的公差带________配合形成过盈配合。

A. ϕ120K9　　B. ϕ120P9　　C. ϕ120D9　　D. ϕ120N9

15. 当相配合的孔、轴无相对运动,既要求定心精度高、装拆方便时应选用________。

A. 间隙配合　　B. 过盈配合　　C. 过渡配合　　D. 过盈配合或过渡配合

16. 下列配合中,________属于过盈配合。

A. H7/m6　　B. S7/h6　　C. H8/js7　　D. G8/h7

17. 公差与配合国家标准中规定的标准公差有________个公差等级。

A. 13　　B. 18　　C. 20　　D. 28

18. 一般配合尺寸的公差等级范围大致为________。

A. IT1～IT7　　B. IT2～IT5　　C. IT5～IT12　　D. IT8～IT14

19. 基本偏差为 m 的轴的公差带与基准孔 H 的公差带形成________。

A. 间隙配合　　B. 过盈配合

C. 过渡配合　　D. 过渡配合或过盈配合

20. 当相配合孔、轴要求有相对滑动,定心精度要求较高时,应选用________。

A. 小间隙配合　　B. 过盈配合

C. 过渡配合　　D. 间隙配合或过渡配合

21. 若某配合的最大间隙为 30 μm,孔的下极限偏差为－11 μm,轴的下极限偏差为－16 μm ,轴的公差为 16 μm,则其配合公差为________。

A. 46 μm　　B. 41 μm　　C. 27 μm　　D. 14 μm

22. 100 轴的 f7、f8、f9 的基本偏差________。

A. 相同　　B. 不相同　　C. 不能确定　　D. 不能进行比较

23. ϕ50G6、G7、G8 三个公差带________。

A. 上极限偏差相同,下极限偏差也相同　　B. 上极限偏差相同但下极限偏差不同

C. 上极限偏差不相同,下极限偏差相同　　D. 上下极限偏差各不相同

24. 下列配合标注正确的是________。

A. ϕ50h7/h6　　B. ϕ50H6/g5　　C. ϕ50h6/g6　　D. ϕ50F7/G7

25. 下列配合标注正确的是________。

A. ϕ60D7/h6　　B. ϕ70H6/S5　　C. ϕ150h6/g6　　D. ϕ150h7/G6

26. 下列配合标注正确的是________。

A. ϕ260D7/H6　　B. ϕ150h6/S5　　C. ϕ150h6/g6　　D. ϕ150H7/g6

27. 下列配合标注正确的是________。

A. ϕ20h7/js6　　B. ϕ80h6/fg5　　C. ϕ170H10/g6　　D. ϕ150H7/i6

28. 下列配合标注正确的是________。

A. ϕ240D9/h9　　B. ϕ190D9/R9　　C. ϕ180CD8/L7　　D. ϕ150F5/H4

29. 下列配合标注正确的是________。

A. ϕ70JS6/FG5　　B. ϕ90H9/q9　　C. ϕ90a8/L7　　D. ϕ90H9/p9

30. 配合代号ϕ60K9/h9 是________。

A. 基孔制过渡配合　　B. 基轴制过渡配合
C. 基孔制过盈配合　　D. 基轴制过盈配合

31. 配合代号 ϕ80H8/r8 是________。
A. 基孔制过渡配合　　B. 基轴制过渡配合
C. 基孔制过盈配合　　D. 基轴制过盈配合

32. 配合代号 ϕ55H6/g5 的孔轴公差带相互关系为________。
A. 孔的公差带在轴公差带的下方　　B. 孔的公差带在轴公差带的上方
C. 孔轴的公差带相互重叠　　D. 不能确定

33. 配合代号 ϕ65R9/h9 的孔轴公差带相互关系为________。
A. 孔轴的公差带相互重叠　　B. 孔的公差带在轴公差带的上方
C. 孔的公差带在轴公差带的下方　　D. 不能确定

34. 配合代号 ϕ65D8/h8 的孔轴公差带相互关系为________。
A. 孔轴的公差带相互重叠　　B. 孔的公差带在轴公差带的上方
C. 孔的公差带在轴公差带的下方　　D. 不能确定

35. 配合代号 ϕ65JS6/h5 的孔轴公差带相互关系为________。
A. 孔轴的公差带相互重叠　　B. 孔的公差带在轴公差带的上方
C. 孔的公差带在轴公差带的下方　　D. 不能确定

36. 配合代号 ϕ65JS6/h5 与配合 ϕ65K6/h5 相比较，两者不同点是________。
A. 孔轴的公差等级　　B. 孔轴的公差带相互关系
C. 孔轴的公称尺寸　　D. 配合公差

37. 配合代号 ϕ160H8/m7 与配合 ϕ160H8/m8 相比较，两者不同点是________。
A. 孔轴的公差等级　　B. 孔轴的公差带相互关系
C. 孔轴的公称尺寸　　D. 配合公差

38. 配合代号 ϕ30H6/h5 与配合 ϕ30H6/f5 相比较，两者不同点是________。
A. 孔轴的公差等级　　B. 孔轴的公差带相互关系
C. 孔轴的公称尺寸　　D. 配合公差

39. 配合代号 ϕ30H6/d5 与配合 ϕ30H6/f5 相比较，前者多用于________的使用场合。
A. 孔轴的工作温度高，支承数目多　　B. 孔轴配合传递的转矩大
C. 孔轴的运动精度要求高　　D. 孔轴配合的定心精度要求高

40. 配合 H/g、h 多用于________。
A. 孔轴有较高速度的相对运动的配合
B. 孔轴无相对运动，但定心精度要求高的配合
C. 孔轴低速回转或往复运动的配合
D. 孔轴之间无紧固件而传递转矩的配合

41. 配合 H/p、r、s 多用于________。
A. 孔轴有相对运动的配合
B. 孔轴无相对运动，但定心精度要求高的配合
C. 孔轴低速回转或往复运动的配合
D. 孔轴之间无紧固件而传递较小转矩的配合

42. 若某配合的最大间隙为 30 μm，最小间隙为 12 μm，则其配合公差为________。

A. 42 μm　　B. 12 μm　　C. 30 μm　　D. 18 μm

43. 若某配合的最大过盈为－40 μm，孔的下极限偏差为－10 μm，轴的上极限偏差为________。

A. ＋40 μm　　B. ＋30 μm　　C. －30 μm　　D. －40 μm

三、填空题(将正确答案填写在横线上)

1. 几何要素按存在着的状态来分可分为________、________。

2. 公称几何要素有________要素与________要素。

3. 公称导出要素具有________形状。

4. 孔主要是指________的内表面要素，也包括其他内表面________中由单一尺寸所确定的部分。

5. 平键的两侧面形成的区域为________，轴键槽两侧面形成的区域为________。

6. 基本偏差的作用是确定________相对零线的位置，一般为距离零线较近的那个________。

7. 孔轴配合分为三类，即________、________、________。

8. 基准制分为________制和________制。

9. 基孔制中的孔称为________，基本偏差为________。

10. 基轴制中的轴称为________，基本偏差为________。

11. 《极限与配合》国家标准规定了________个标准公差等级和孔、轴各________种基本偏差。

12. 与基准孔 H 形成间隙配合的轴的基本偏差是________，形成过渡配合的轴的基本偏差是________。

13. 公称尺寸相同，配合 H/d 的最大间隙比配合 H/g 的________；配合 H/j 的最大间隙比配合 H/g 的________；配合 H/m 的最大过盈比配合 H/t 的________。

14. 公称尺寸相同，配合 K/h 的最大间隙比配合 F/h 的________；配合 C/h 的最大间隙比配合 F/h 的________；配合 K/h 的最大过盈比配合 U/h 的________。

15. 孔公差带 ϕ50P8 的基本偏差与 ϕ50P6 的基本偏差值相差一个________，其值为________。

16. 孔公差带 ϕ50G9 的基本偏差与 ϕ50G6 的基本偏差值________，其值为________。

17. 精度设计必须在满足________的前提下，充分考虑________原则。

18. 在基准制的选用中，应优先选用________，在某些情况下，由于________或工艺等方面的原因，选用________较为合理。

19. ϕ50H10 的孔和 ϕ50js10 的轴，已知 IT10＝0.100 mm，其 ES＝________ mm，EI＝________ mm，es＝________ mm，ei＝________ mm。

20. 一轴的上极限尺寸为 ϕ30.21 mm，下极限尺寸为 ϕ29.85 mm，则 es＝________，ei＝________。

21. 已知公称尺寸为 ϕ50 mm 的轴，其下极限尺寸为 ϕ49.98 mm，公差为 0.01 mm，则它的上极限偏差是________ mm，下极限偏差是________ mm。

22. 常用尺寸段的标准公差值的大小，随公称尺寸的增大而________，随公差等级的提高而________。

23. $\phi60\pm0.025$ mm孔的基本偏差数值为________，$\phi60\pm0.025$ mm轴的基本偏差数值为________ mm。

24. 公差带的位置由________决定,公差带的大小由________决定。

25. 轴公差带h5、h6、h7的________相同,而________不同。h5、f5、p5的________相同,而________不同。

26. 已知基孔制配合为ϕ25H6/n5,改为配合性质相同的基轴制配合,其代号为________。

27. 某配合的最大过盈为$-34\ \mu m$,配合公差为$24\ \mu m$,则该结合为________配合。

28. 尺寸ϕ80JS8,已知IT8=46 μm,则上极限尺寸为________,下极限尺寸为________。

29. 已知公称尺寸为ϕ50 mm的轴,其下极限尺寸为49.98 mm,公差为0.01 mm,则上极限偏差为________,下极限偏差为________。

30. 已知ϕ25基准孔的公差为0.013 mm,则它的下极限偏差为________ mm,上极限偏差为________ mm。

31. 公称尺寸为60,公差等级为IT7级,基本偏差为d的轴公差带标注为________。

32. 公称尺寸为60,公差等级为IT9级,基本偏差为B的孔公差带标注为________。

33. 公称尺寸为30 mm,孔公差等级为IT7级、基本偏差为H,与公差等级IT6级、基本偏差为k的轴公差带形成的配合标注为________。

34. 公称尺寸为50 mm,孔公差等级为IT8级、基本偏差为M,与公差等级IT7级、基本偏差为h的轴公差带形成的配合标注为________。

35. 在孔的基本偏差系列中,基本偏差与零线成对称分布的是________。

36. 已知一轴的公称尺寸为40 mm,其上极限偏差为-0.009 mm,下极限偏差为-0.034 mm,其尺寸标注为________,尺寸公差带代号为________。

37. 已知一轴的公称尺寸为80 mm,其上极限偏差为$+0.073$ mm,下极限偏差为$+0.043$ mm其尺寸标注为________,尺寸公差带代号为________。

38. 已知一孔的公称尺寸为100 mm,其上极限偏差为$+0.090$ mm,下极限偏差为$+0.036$ mm,其尺寸标注为________,尺寸公差带代号为________。

39. 已知一孔的公称尺寸为50 mm,其上极限偏差为$+0.024$ mm,下极限偏差为-0.015 mm,其尺寸标注为________,尺寸公差带代号为________。

40. 一配合标注为ϕ80JS8/h8,则孔的公差等级为________级,基本偏差为________;轴的公差等级为________级,基本偏差在零线的________方。

41. 一配合标注为ϕ60H6/r5,则孔的公差等级为________级,基本偏差为________;轴的公差等级为________级,基本偏差在零线的________方。

42. 一配合标注为ϕ70F9/h9,则孔的公差等级为________级,基本偏差零线________方;轴的公差等级为________级,基本偏差为________。

43. 基孔制配合ϕ70H8/f8与基轴制配合ϕ70F8/h8的最大间隙________、最小间隙________。

44. 在选择基准制时,当采用冷拉钢型材做轴时,采用________。

45. 配合为ϕ170H7/n6,其配合种类为________配合,装配特性为________。传递转矩时________紧固件。

46. 配合为 ϕ150H7/g6，其配合种类为________配合，使用场合为________。

47. 同一公称尺寸的轴与若干个孔配合，并且配合性质不同，应选择________制。

48. 未注尺寸公差的公差等级有________、________、________、________。

49.《极限与配合制》国家标准的基准温度是________。

50. 选择配合时，孔轴有相对运动时应选择________，相对运动速度越高________。

四、综合题

1. 公称要素与拟合要素的不同点是什么？

2. 试说明公差与偏差、极限尺寸之间的相互关系。

3. 试说明孔轴配合的条件，配合性质与孔轴偏差之间的关系。

4. 国家标准中为什么要规定基准制？基准制有什么特点？

5. 试查出下表所列的标准公差与基本偏差值。

公称尺寸	公差等级	标准公差值	基本偏差代号	基本偏差值
孔 ϕ65	IT9		G	
孔 ϕ120	IT8		P	
轴 ϕ45	IT10		d	
轴 ϕ80	IT6		s	

6. 试根据下表中数值，用公差图解方法计算出下表中空格中的数值(单位为 μm)。

公称尺寸	孔			轴			最大间隙或最小过盈	最小间隙或最大过盈	配合公差	配合性质
	ES	EI	T_h	es	ei	T_s				
ϕ25		0	13	−40		9				
ϕ65	+74	0		+106			−32			
ϕ125	+99			0		63		+36		
ϕ16			18		+1	11	+17			

7. 试分析间隙配合、过渡配合、过盈配合三类配合孔轴公差带位置关系的区别。

8. 什么是公差配合选择的类比法？使用类比法选择公差配合应注意的问题是什么？

9. 设有一公称尺寸为 ϕ60 mm 的配合，经计算确定其间隙应为 20～110 μm，若已决定采用基孔制，试确定此配合的孔、轴公差带代号，并画出其尺寸公差带图。

10. 设有一公称尺寸为 ϕ110 mm 的配合，经计算确定，为保证连接可靠，其过盈不得小于 40μm；为保证装配后不发生塑性变形，其过盈不得大于 110μm。若已决定采用基轴制，试确定此配合的孔、轴公差带代号，并画出其尺寸公差带图。

11. 设有一公称尺寸为 ϕ25 mm 的配合，为保证装拆方便和定心要求，其最大间隙和最大过盈均不得大于 20 μm。试确定此配合的孔、轴公差带代号(含基准制的选择分析)，并画出其尺寸公差带图。

12. 用公差图解分析 ϕ125H7/f6 配合与 ϕ125P7/h6 配合的区别。

13. 在正常温度下工作的一配合为 ϕ80H8/e7，如果工作温度为 90℃，配合应如何修正？

14. 试改正配合 ϕ80h20/D7、ϕ40H01/i7、ϕ70CD20/EF8 中的错误，并指出其错误的原因。

15. 一轴上有两个轴承时依据使用要求选择配合为50H7/e6,为增加支承强度和刚性,该轴用三个轴承来支承,其配合应如何修正,试说明理由。

16. 试列举机械中使用间隙配合、过渡配合、过盈配合的各五个实例。

17. 图面上所有的尺寸都要注出公差吗?简述理由。

18. 播种机、玉米收获机等农业机械上未注尺寸公差的选择哪一级,为什么?

19. 某轴公称尺寸为ϕ60 mm,加工时的尺寸范围要求为ϕ59.905～ϕ60.095 mm。求轴的上偏差、下偏差、公差,并将该尺寸范围要求写成偏差标注形式。加工后的三根轴其实际尺寸分别为ϕ59.9 mm、ϕ60 mm、ϕ60.095 mm,求各轴的实际偏差并判断各轴的尺寸是否合格。

20. 已知两根轴,第一根轴直径为ϕ5 mm,公差为5 μm,第二根轴直径为ϕ180 mm,公差为25 μm,试比较两根轴加工的难易程度。

21. 为什么要优先使用基孔制,在什么条件下使用基轴制?

第3章　技术测量基础

一、判断题(正确的在括号内画√,错误的画×)

1. 长度尺寸的传递分为线纹尺传递系统和量块传递系统。 ( )
2. 以量块的标称尺寸作为实际尺寸使用的方法称按“等”使用。 ( )
3. 量块等的划分技术指标是量块中心长度测量的不确定度和长度变动量。 ( )
4. 量块级的划分技术指标是量块量面上任意点长度相对于标称长度的极限偏差和量块长度变动最大允许值。 ( )
5. 对测量结果进行处理的目的是确定出被测量最准确的值。 ( )
6. 一般来讲相对测量比绝对测量精确度高。 ( )
7. 在测量时要保证测量精确度,测量环境的温度要等于基准参考温度20°。 ( )
8. 用卡尺对内孔尺寸进行测量,其为间接测量。 ( )
9. 用千分尺对轴径进行测量是绝对测量。 ( )
10. 用机械比较仪对轴径进行测量是相对测量。 ( )
11. 粗大误差是明显使测量结果对尺寸真值产生偏离的误差。 ( )
12. 系统误差的大小与符号是无法预测的误差。 ( )
13. 一般情况下,量具量仪的分度值越小,其测量精确度也就越高。 ( )
14. 测量误差产生的原因主要是计量器具的误差,测量方法的误差,测量条件产生的误差等。 ( )
15. 在数据处理中一般将尺寸残差大于3σ的误差认为是粗大误差。 ( )
16. 对于一个被测量通常用多次测量的平均值来代表被测量的量值。 ( )
17. 在普通车间对工件只进行一次测量时,对于遵守包容原则的零件,采用内缩验收极限。 ( )
18. 对于非配合尺寸一般采用不内缩的验收极限。 ( )
19. 采用内缩的验收极限时,验收极限与对应的极限尺寸相距一个安全裕度A。 ( )
20. 安全裕度A由两部分组成:一是计量量具的不确定度,二是测量方法的不确定度。 ( )

二、选择题(将正确答案的字母填写在横线上)

1. 五等量块比3级量块的精度________。

A. 高　　B. 低　　C. 相同　　D. 不能比较

2. 一块量块标称尺寸为20 mm,实际中心长度为20.001 mm,按级使用时其尺寸值为________。

A. 20 mm　　B. 20.001 mm　　C. 19.999 mm　　D. 20.000 5 mm

3. 一块量块标称尺寸为20 mm,量面上任意点长度相对于标称长度的极限偏差为±0.14 μm,则用于比较测量时,由量块所产生的测量误差为________。

A. 0.14 μm　　B. ±0.28 μm　　C. +0.14 μm　　D. ±0.14 μm

4. 用千分尺测量拖拉机活塞裙部直径,其测量方法为________。

A. 直接测量　　B. 间接测量　　C. 非接触测量　　D. 综合测量

5. 0～125 mm的外径千分尺的分度值是________。

A. 1 mm　　B. 0.1 mm　　C. 0.01 mm　　D. 0.001 mm

6. ________的绝对值和符号以不可预知的方式变化,但具有统计规律性。

A. 随机误差　　B. 粗大误差　　C. 定值系统误差　　D. 变值系统误差

7. 若随机误差符合正态分布,且无系统误差和粗大误差,则测量结果出现在________范围内的置信概率为95%。

A. $\pm\sigma$　　B. $\pm 2\sigma$　　C. $\pm 3\sigma$　　D. $\pm 4\sigma$

8. 一孔的尺寸为$\phi 150^{+0.20}_{-0.15}$,其安全裕度A=0.04 mm,则内缩验收极限是________。

A. 150.2,149.85　　B. 150.16,149.85

C. 150.20,149.89　　D. 150.16,149.89

9. 一孔的尺寸为$\phi 100^{+0.50}_{+0.10}$,其安全裕度A=0.04 mm,则不内缩的验收极限是________。

A. 100.50,100.10　　B. 100.46,100.14

C. 100.50,100.14　　D. 100.46,100.10

10. 一尺寸标注为ϕ120h9,其安全裕度为________。

A. 40 μm　　B. 30 μm　　C. 20 μm　　D. 8.7 μm

三、填空题(将正确答案填写在横线上)

1. 量块分级的依据是量块长度的________和________的允许值。

2. 量块划分为________、________、________、________、________共五级,其中________精度最高。

3. 量块划分为________、________、________、________、________共五等级,其中________等精度最高。

4. 量块组成一个确定的尺寸时应从所需尺寸的________开始选择量块。组成量块组的量块总数不应________。

5. 用量块组成32.215 mm所用的量块为________、________、________。

6. 测量的四要素是________、________、________、________。

7. 用立式光学计测量发动机活塞销,其测量的标准量是________、测量方法是________、被测量是________、被测对象是________。

8. 测量器具的一般技术性能指标主要有________、________、________、________、

________、________。

9. 立式光学计的分度值=________、示值范围=________、测量范围=________。

10. 测量误差是测得值与________之差;测量误差按与测得值的关系来分有________误差与________误差。

11. 在测量过程中因不符合阿贝原则而产生的误差称为________。阿贝原则要求________应与________重合或处在同一直线上。

12. 测量误差按误差的性质来分,分为________、________、________三类。

13. 产生测量误差的原因是:________、________、________、________等方面的因素。

14. 粗大误差产生的原因是测量人员________错、________错、________错等原因造成的。

15. 光滑工件的验收方式有________________和________两种验收极限。

16. 对于有配合要求的零件的验收一般采用________验收极限。

17. 在选择计量器具是一要满足____________________、二要满足________________、三要满足____________________的要求。

18. 一般情况下安全裕度为零件公差的________。

19. 测量零件尺寸时,计量器具的不确定度应小于________。

20. 内缩验收极限计算公式是:上验收极限=________、下验收极限=________。

四、综合题

1. 测量的实质是什么?一个完整的测量过程包括几个要素?

2. 什么是尺寸传递系统?在尺寸传递过程中,量块与线纹尺寸发挥什么作用?

3. 量块分等、级的目的是什么?按等使用量块有什么优点?

4. 在测量时选择计量器具要考虑到哪些原则?

5. 什么是测量误差?测量误差分几类?测量误差产生的原因有哪些?

6. 在对测量列进行数据处理时,为什么用测量列的算术平均值作为测量结果?

7. 试确定出检验一孔为 ϕ125H10 的验收极限和计量器具。

8. 试确定验收一轴为 ϕ24f12 的验收极限和计量器具。

9. 试从 83 块量块级中选择出量块组成尺寸 45.689 mm、21.35 mm、62.354 mm。

10. 对一轴进行 12 次等精度测量,得到测量数据如下:28.998,28.980,28.958,28.967,28.987,28.978,28.988,28.978,28.986,28.984,28.967,28.967,28.984。设已经消除了系统误差,试对测量数据进行处理。

11. 什么是测量不确定度?测量不确定度与测量误差有何关系?

12. 在车床上加工 ϕ80 的轴颈,当用千分尺测量时,试分析该尺寸须测量的四要素。

13. 用千分尺测量一轴颈尺寸为 ϕ35.02,测量不确定度为 0.004 mm;用立式光学计测量时轴颈尺寸为 ϕ30.021,测量不确定度为 0.001 mm,试问哪一种测量精度高,为什么?

14. 一量块的标称长度为 20 mm,量块的实际中心长度为 20.001 5 mm,如果要求按级使用,量块的尺寸应为多少?如果按等使用,量块的尺寸为多少,为什么?

15. 以立式光学计为例,分析出其仪器的各项度量指标。

16. 内缩的验收极限与不内缩的验收极限都适用哪些场合?

17. 系统误差与偶然误差有何区别?

18. 为什么用测量列的平均值作为测量结果比用某一次测量值作为测量结果的可靠性高？

第4章　几何公差及测量

一、选择题(正确的在括号内画√,错误的画×)

1. 几何公差分为形状公差、方向公差、位置公差和跳动公差。( )
2. 线轮廓度和面轮廓度可以是形状公差也可在方向公差与位置公差。( )
3. 采用框格标注几何公差时,从右到左依次填写几何特征符号、几何公差值和基准字母。( )
4. 基准符号中的基准字母可以用大写也可以用小写。( )
5. 在标注几何公差时可以用指引线将公差框格与基准要素直接相连。( )
6. 理论正确尺寸是一个理想尺寸,在标注时标注在方格内。( )
7. 几何公差带与尺寸公差带一样是一个平面内的区域。( )
8. 图样所标注的几何公差如果不加说明,几何公差公差带宽度方向垂直于被测要素。( )
9. 在三基面体系中,基准是有基准顺序的。( )
10. 最小条件是提取要素对拟合要素的最大变动量为最小。( )
11. 评定平行度误差时,最小包容区域要平行于基准。( )
12. 直线度公差带一定是距离为公差值 t 的两平行平面之间的区域。( )
13. 圆度公差带和径向圆跳动公差带形状是不同的。( )
14. 形状公差带的位置是浮动的。( )
15. 平面度公差带与轴向全跳动公差带的形状是相同的,但轴向全跳动公差带与基准轴线垂直。( )
16. 对于一个平面规定了其平面度公差为0.01 mm,同时规定该平面内的直线度公差应不小于0.10 mm。( )
17. 对于六面体的两个平行平面规定了其平行度公差为0.23 mm,同时规定该平面的平面度公差应不大于0.23 mm。( )
18. 对于 ϕ80 mm圆柱面规定了其圆度公差为0.2 mm,同时可规定该圆柱面的圆柱度公差应不小于0.2 mm。( )
19. 对于 ϕ80 mm圆柱规定了其圆柱度公差为0.3 mm,同时可规定该圆柱面的圆度公差应不小于0.2 mm。( )
20. 面轮廓度公差和线轮廓度公差没有基准要求。( )
21. 对于轴线的直线度公差只能要求一个方向的公差带。( )
22. 对于同一平面规定的平面度公差值应大于该平面内的直线度公差值。( )
23. 对于同一圆柱面,规定的圆度公差值应大于该圆柱面的圆柱度公差值。( )
24. 对于同一圆柱面,规定的圆度公差值应小于该圆柱面的径向圆跳动的公差值。( )
25. 对于同一圆柱面,规定的圆柱度公差值应小于该圆柱面的径向全跳动的公差值。( )

26. 对于同一圆柱面，规定的同轴度公差值应小于该圆柱面的径向全跳动的公差值。（ ）

27. 对于同一圆柱面，规定的轴线相对基准轴线的同轴度公差值为0.12 mm，则同时可规定该轴线的直线度公差不应小于0.12 mm。（ ）

28. 对于同一圆柱形内孔轴线，规定的轴线相对基准轴线的平行度公差值为0.04 mm，则同时可规定该轴线的直线度公差不应大于0.04 mm。（ ）

29. 被测要素遵守最大实体要求时，要求实际被测要素遵守最大实体实效边界。（ ）

30. 包容要求注出公差的非理想要素不允许超过最大实体边界。（ ）

31. 最大实体边界对于给出形状公差要素来讲，其边界尺寸为被测要素的最大实体尺寸。（ ）

32. 对于要求保证可装配性的配合，可采用最大实体要求来处理尺寸公差与几何公差之间的关系。（ ）

33. 对于未注出几何公差的要素，其尺寸公差与未注出的几何公差之间关系应按独立原则处理。（ ）

34. 对于遵守包容原则的孔，其提取圆柱面直径不应小于孔的下极限尺寸。（ ）

35. 未注出几何公差的等级有H、K、L三个公差等级。（ ）

36. 只有几何公差要求高的要素才在图面上注出几何公差值。（ ）

37. 在选择基准时常选择尺寸较大的几何要素(大的平面、长的轴线等)作为基准。（ ）

38. 注出几何公差的要素的公差等级，几何要素的尺寸大，公差等级相对低些。（ ）

39. 零件表面的表面粗糙度值与几何公差值之间无对应关系。（ ）

40. 对于有配合要求的表面，尺寸公差等级越高，几何公差等级越低。（ ）

二、选择题(将正确答案的字母填写在横线上)

1. 倾斜度公差属于几何公差中的________。

A. 形状公差　B. 方向公差　C. 位置公差　D. 跳动公差

2. 当注出几何公差的要素是组成要素时，指引线与该组成要素的________。

A. 尺寸线重合　B. 尺寸线错开　C. 尺寸界线错开　D. 尺寸界线重合

3. 当基准要素是导出要素时，指引线与该导出要素的组成要素的________。

A. 尺寸线重合　B. 尺寸线错开　C. 尺寸界线错开　D. 尺寸界线重合

4. 几何公差带的浮动是指________。

A. 公差带位置随着组成要素的局部尺寸大小而变动

B. 公差带位置不随着组成要素的局部尺寸大小而变动

C. 公差带位置随着基准要素的局部尺寸大小而变动

D. 公差带位置不随着基准要素的局部尺寸大小而变动

5. 评定几何误差的最小条件是________。

A. 提取要素对拟合要素的最大变动量为最小

B. 提取要素对导出要素的最大变动量为最小

C. 组成要素对提取要素的最大变动量为最小

D. 导出要素对拟合要素的最大变动量为最小

6. 用千分尺测量圆柱面相互垂直两个方向上的直径，取直径差作为该圆柱面的圆度误差，该方法符合的测量原则是________。

A. 与拟合要素比较原则　　B. 测量特征参数原则

C. 控制实效边界原则　　D. 测量跳动原则

7. 测量平面上一圆心实际坐标，然后通过公式计算出圆心位置度误差，该方法符合的测量原则是________。

A. 与拟合要素比较原则　　B. 测量特征参数原则

C. 控制实效边界原则　　D. 测量坐标值原则

8. 圆柱面轴线直线度公差带形状是________。

A. 两平行直线所限定的区域　　B. 两平行平面所限定的区域

C. 两同心圆所限定的区域　　D. 一个圆柱面所限定的区域

9. 同轴度的公差带形状是________。

A. 两平行直线所限定的区域　　B. 两平行平面所限定的区域

C. 两同心圆所限定的区域　　D. 一个圆柱面所限定的区域

10. 对称度公差带________。

A. 对称于基准平面或轴线　　B. 平行于基准平面或轴线

C. 垂直于基准平面或轴线　　D. 倾斜于基准平面或轴线

11. 若某平面对基准轴线的轴向全跳动为 0.04 mm，则它对同一基准轴线的轴向圆跳动一定________。

A. 小于 0.04 mm　　B. 不大于 0.04 mm

C. 等于 0.04 mm　　D. 不小于 0.04 mm

12. 若某平面对基准轴线的平行度误差为 0.10mm，则它表面上直线的直线度误差必定________。

A. 小于 0.10 mm　　B. 不大于 0.10 mm

C. 等于 0.10 mm　　D. 不小于 0.10 mm

13. 若一轴线的直线度误差为 0.05 mm，则该圆柱面轴线对基准轴线的同轴度误差必定________。

A. 小于 0.05 mm　　B. 不大于 0.05 mm

C. 等于 0.05 mm　　D. 不小于 0.05 mm

14. 下列四个几何公差特征项目中公差带可以有不同的公差带形状的项目为________。

A. 直线度　　B. 平面度　　C. 位置度　　D. 同轴度

15. 下列四组几何公差特征项目的公差带形状相同的一组为________。

A. 圆度、圆跳动　　B. 平面度、同轴度

C. 同轴度、圆跳动　　D. 圆度、同轴度

16. 边界是设计时给定的具有理想形状的极限包容面，意思是：________。

A. 是实际(组成)要素，给出公差的要素的提取要素不能超出该边界

B. 是导出要素，提取导出要素不能超出该边界

C. 是导出要素，该导出要素所对应的组成要素不能超出该边界

D. 是公称要素，给出公差的要素的提取要素不能超出该边界

17. 孔的尺寸标注为 $\phi120^{+0.21}_{-0.15}$，轴线的直线度公差为 $\phi0.20$ mm，则该尺寸要素的最大实

体实效尺寸是________。

A. 119.65 mm　B. 119.85 mm　C. 120.21 mm　D. 120.41 mm

18. 设某轴的尺寸为 $\phi 25_{-0.10}^{\ \ 0}$ mm,其轴线直线度公差为0.05 mm,则其最大实体实效尺寸为________。

A. 25.05 mm　B. 25 mm　C. 24.90 mm　D. 24.85 mm

19. 一孔的尺寸标注为 $\phi 60_{\ \ 0}^{+0.03}$Ⓔ,测得孔的提取圆柱面直径为 ϕ60.01 mm,轴线直线度误差为0.014 mm,则该零件________。

A. 合格　B. 不合格

C. 尺寸误差合格,几何误差不合格　D. 尺寸误差不合格,几何误差合格

20. 一轴的尺寸标注为 $\phi 30_{\ \ 0}^{+0.02}$,轴线直线度公差为0.025 mm,尺寸公差与几何公差关系为独立原则。对该零件进行测量得到的提取圆柱面直径都在 ϕ30.005～ϕ30.027 mm之间,轴线直线度误差为0.020 mm,则该零件是________。

A. 合格　B. 不合格

C. 尺寸误差合格,几何误差不合格　D. 尺寸误差不合格,几何误差合格

21. 一圆柱面尺寸标注为 $\phi 40_{\ \ 0}^{+0.025}$Ⓔ,则允许该圆柱面产生的圆度误差最大值是________。

A. 0.20 mm　B. 0.03 mm　C. 0.015 mm　D. 0.025 mm

22. 一轴颈圆柱面的圆柱度公差值的主参数是________。

A. 圆柱面的直径　B. 轴线长度　C. 圆柱面的表面积

23. 一轴颈圆柱面的轴线直线度公差值的主参数是________。

A. 圆柱面的直径　B. 轴线长度　C. 圆柱面的表面积

24. 圆度公差的基本级为________。

A. 10级　B. 5级　C. 6级　D. 1级

25. 对于有配合要求的圆柱面,在选择几何公差等级时,要保证________。

A. 尺寸公差值=形状公差值　B. 尺寸公差值≥形状公差值

C. 尺寸公差值≤形状公差值

三、填空题(将正确答案填写在横线上)

1. 几何公差特征项目分为________、________、________和________四类。

2. 方向公差中特征项目符号是________、________和________。

3. 形状公差特征项目有________、________、________、________、________和________六项。

4. 位置度的特征符号是________、径向全跳动特征符号是________、轴向圆跳动的特征符号是________、线轮廓度的特征符号是________。

5. 几何公差框格为________格,自左向右依次填写________、________、________。

6. 由两个基准要素作为一个基准使用时称为________,两个基准要素分为是 A、B 标注成________。

7. 测量几何公差误原则有________、________、________、________、________和________。

8. 几何公差带的四要素是________、________、________、________和________。

9. 注出公差的要素是平面，基准要素是轴线，则倾斜度的公差带形状是________。

10. 圆度与圆柱度公差带从形状上看两者的主要区别是________。

11. 轴线在任意方向的直线度与同轴度，两者公差带的主要区别是________。

12. 在测量几何误差时，基准的体现的方法有________、________、________和________。

13. | — | ϕ0.025 | A | 几何公差标注的错误是________。

14. 几何公差中形状公差________基准，方向公差________基准。

15. 对于线轮廓度有基准时为________、________，无基准时为________。

16. | ○ | ϕ0.025 | A | 几何公差标注的错误是________。

17. | ◎ | 0.050 | A | B | 几何公差标注的错误是________。

18. 同轴度的被测要素为________，基准要素也为________。

19. 一轮廓的线轮廓度公差为 0.015 mm，没有基准要求，则公差框格标注成________。

20. 一孔轴线的位置度公差值是 $\phi0.20$，基准顺序是 S、B、C，则公差框格标注成________。

21. 圆柱度的公差带是________，提取圆柱面应限定在________区域内变动。

22. 同轴度、对称度只能用于________要素。

23. | ∠ | 0.050 | G | 标注的几何公差特征项目是________，公差带的形状是________，公差值是________，基准要素________。

24. | ≡ | 0.030 | M | 标注的几何公差特征项目是________，公差带的形状是________，公差值是________，基准要素________。

25. 独立原则是指图样上被测要素的尺寸公差和________各自独立，彼此________。

26. 外尺寸的最大实体实效尺寸＝________，内尺寸的最大实体实效尺寸＝________。

27. 一孔的尺寸标注是 $\phi150^{+0.35}_{-0.10}$，孔的轴线直线度公差为 $\phi0.025$ mm，孔圆度公差为 0.010 mm，则孔的最大实体实效尺寸是________。

28. 一轴的尺寸标注是 $\phi150^{+0.35}_{-0.10}$，轴的轴线直线度公差为 $\phi0.025$ mm，轴的圆度公差为 0.010 mm，则轴的最大实体实效尺寸是________。

29. 一轴的尺寸标注是 $\phi80^{+0.45}_{0}$，轴的轴线直线度公差为 $\phi0.10$ mm，轴的圆柱度公差为 0.050 mm，则轴的最大实体实效边界是________。

30. 组成要素的尺寸公差与其导出要素的几何公差的相关要求可以分为________要求、________要求和________要求三种。

31. 包容要求是要在尺寸极限偏差或公差带代号后面注出________。

32. 包容要求要求给出公差的要素的非理想要素不得超越________。

33. 最大实体要求，被测要素图面上注出的公差值，是被测要素处于________下给定的。

34. 最大实体要求，方向公差的最大实体实效边界与基准保持________、________、________。

35. 最大实体要求，位置公差的最大实体实效边界与基准保持________、________、________。

36. 通过查表确定出要求的几何公差值：直径为 $\phi80$ mm，形位公差等级 9 级的圆柱度公差值________，8 级的圆度公差值________。

37. 通过查表确定出要求的几何公差值：直径为 $\phi100$ mm，轴线长度为 300 mm，形位公差等级为7级的圆柱度公差值________,6级的圆度公差值________,6级的轴线直线度公差值________。

38. 通过查表确定出要求的几何公差值：平面尺寸为100 mm×60 mm,形位公差等级为4级的平面度公差值________,3级的长边直线度公差值________。

39. 在选择几何公差时,较长的轴或孔的几何公差等级应比正常长度的孔、轴公差等级________。

40. 对于配合表面,一零件表面的表面粗糙度越高,其表面的形状公差等级应________。

41. 对于一个圆柱面可选择的几何公差项目应是________、________、________、________。

42. 对于一个平面可选择的形状公差项目是________、________。

43. 对一个阶梯轴,轴上分别安装轴承与齿轮,一般选择的基准要素是________。

44. 对于一个配合表面,其尺寸公差等级为7级,则该圆柱面的圆柱度公差等级应是________。

45. 对于一对平行平面,其两平行平面的尺寸公差等级为6级,则该平行平面的平行度公差等级应是________。

四、综合题

1. 画出几何公差各项目符号及主要的公差带形状。

2. 尺寸公差带和几何公差带有何区别？举例说明。

3. 说明下列几何公差项目之间的区别：

① 线轮廓度与面轮廓度；

② 径向圆跳动与同轴度；

③ 端面圆跳动与面对线的垂直度；

④ 径向全跳动与圆柱度。

4. 用文字说明习题图4-1、4-2中几何公差代号标注的含义(要指出被测要素、基准要素、公差带形状、公差值、公差原则、合格性解释等)。

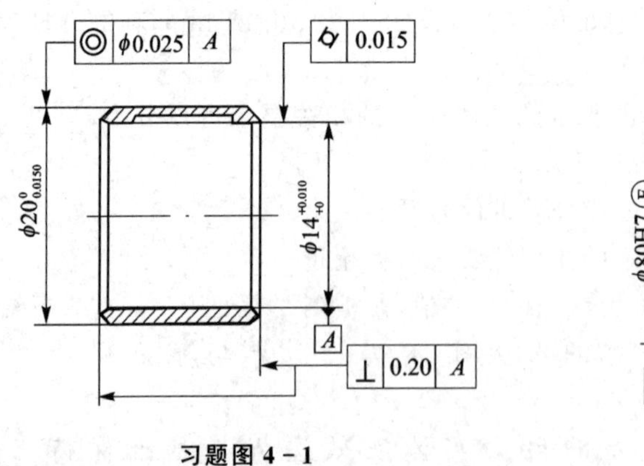

习题图4-1

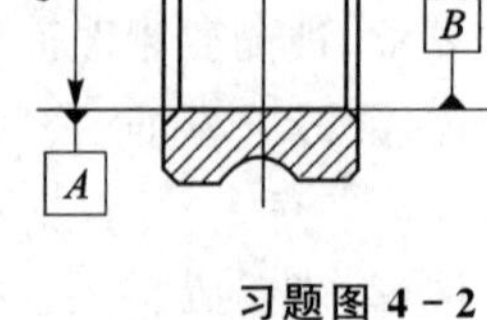

习题图4-2

5. 将下面零件的技术要求用几何公差代号标注在习题图4-3上。

① $\phi 5^{+0.05}_{-0.03}$ 孔的圆柱度误差不大于0.02 mm,圆度误差不大于0.001 5 mm；

② B 面的平面度误差不大于0.001 mm,B 面对 $\phi 5^{+0.05}_{-0.03}$ 孔轴线的端面圆跳动不大于

0.04 mm，B 面对 C 面的平行度误差不大于 0.03 mm；

③ 平面 F 对 $\phi5^{+0.05}_{-0.03}$ 孔轴线的端面圆跳动不大于 0.04 mm；

④ ϕ18d11 外圆柱面的轴线对 $\phi5^{+0.05}_{-0.03}$ 孔轴线的同轴度误差不大于 0.2 mm；

⑤ ϕ12b11 外圆柱面轴线对 $\phi5^{+0.05}_{-0.03}$ 孔轴线的同轴度误差不大于 ϕ0.16 mm；

⑥ 90°30″密封锥面 G 对 $\phi5^{+0.05}_{-0.03}$ 孔轴线的同轴度误差不大于 ϕ0.16 mm；

⑦ 锥面 G 的圆度误差不大于 0.002 mm。

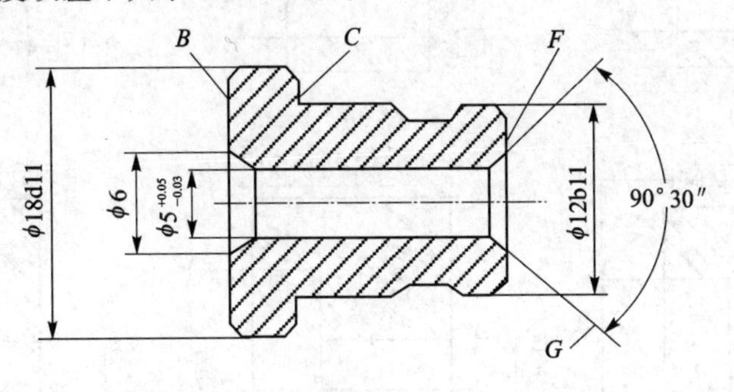

习题图 4－3

6. 试改正习题图 4－4 中几何公差标注中出现的错误。

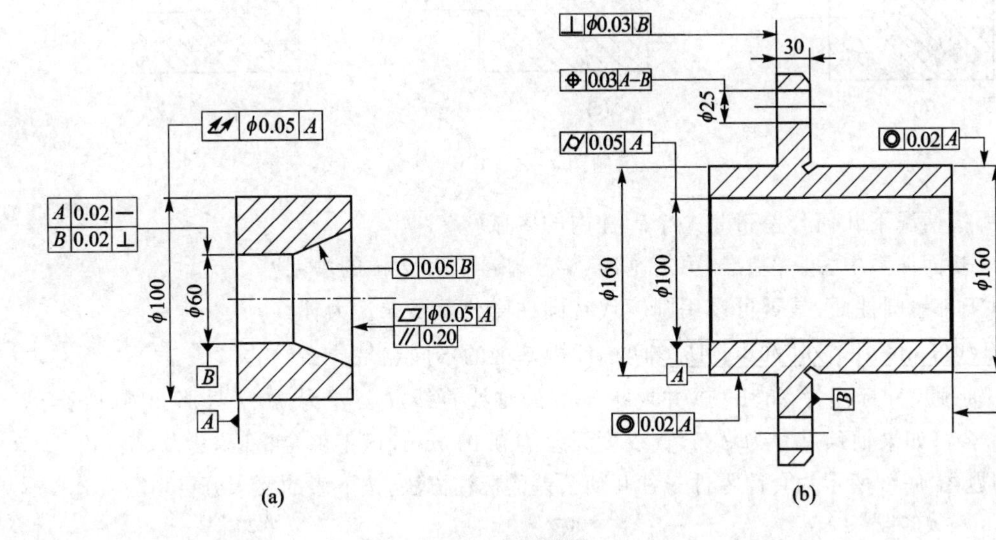

习题图 4－4

7. 试对习题图 4－5 中标注的几何公差作出解释，并将解释填入下表。

图样序号	采用的公差原则	理想边界名称及边界尺寸/mm	最大实体状态下的位置公差值/mm	允许的最大位置公差值/mm	实际尺寸合格范围/mm
a					
b					
c					
d					
e					
f					

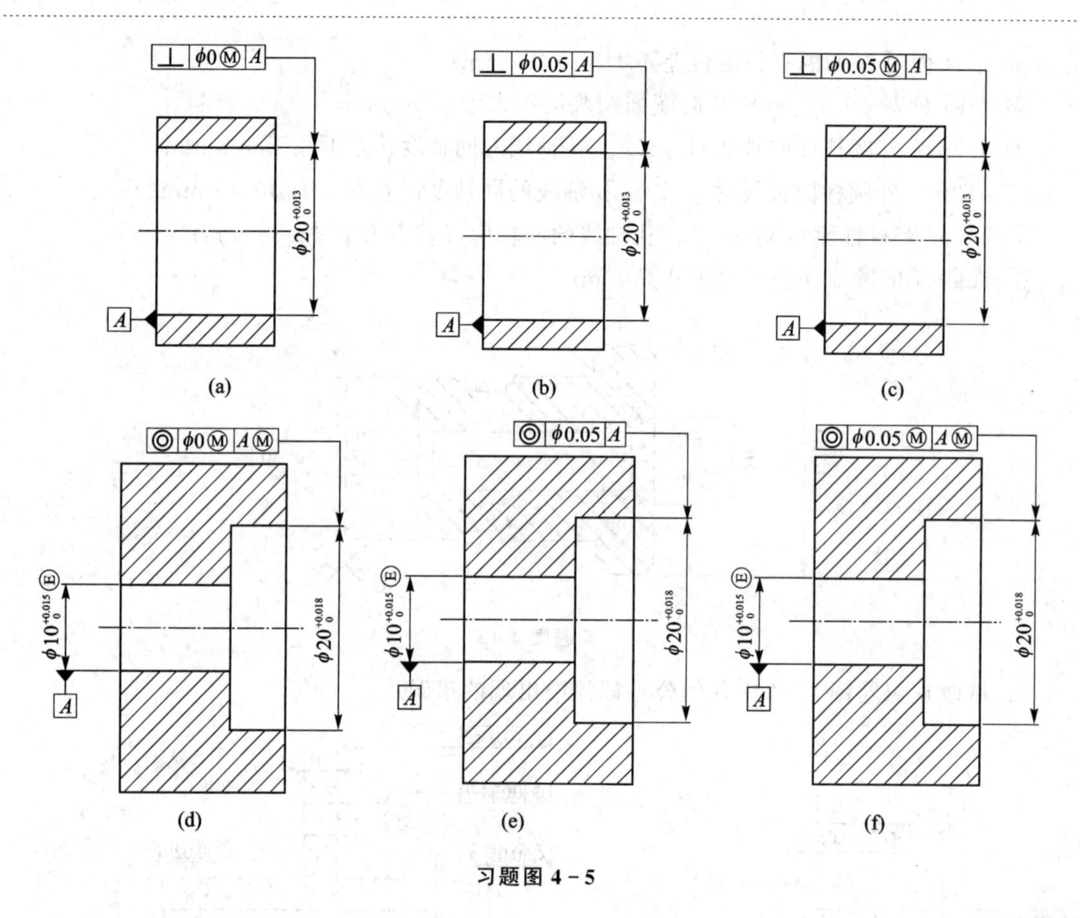

习题图 4－5

8. 在哪些情况下几何公差带是一个圆柱内的区域？

9. 在三基面体系中，第一基准、第二基准、第三基准有什么样的关系？

10. 对于一短圆柱面，是否可以用圆度代替圆柱度公差要求？为什么？

11. // φ0.01 A—B　　// φ0.01 A B C 两标注中基准的不同点是什么？

12. 一轴颈尺寸标注为 φ35h7Ⓔ，并要求轴颈的轴线直线度公差为 φ0.02，那么零件的合格条件是什么？如果轴颈尺寸为 φ35，直线度误差为 0.01 mm，该零件合格吗，为什么？

13. 习题图 4－6 所示为套筒零件三种几何公差的标注方法，按下表的要求分析填写。

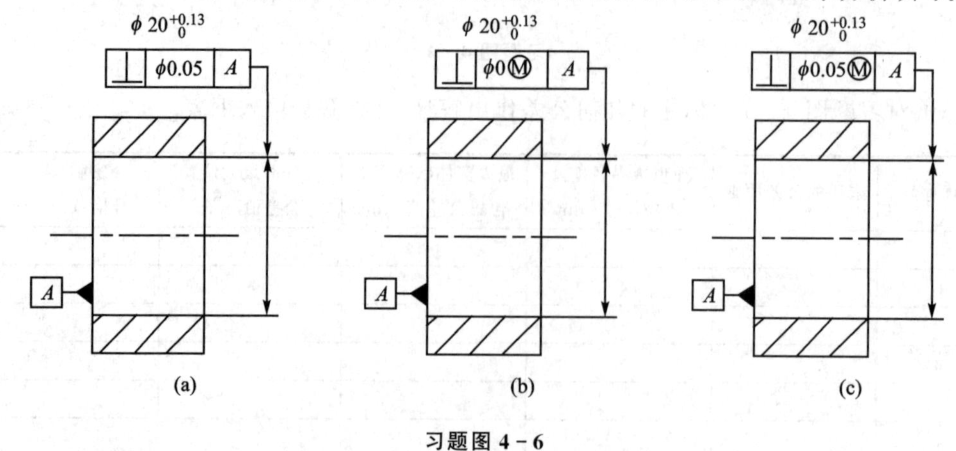

习题图 4－6

图　号	采用的公差原则	理想边界及其尺寸	允许的最大垂直度公差
(a)			
(b)			
(c)			

14. 在哪些情况下,直线度可以代替平面度,同心度可以代替同轴度,线轮廓度可以代替面轮廓度?

15. 对于一个轴颈只标注尺寸公差 $\phi 30f7$,未注出几何公差,则对该圆柱面的圆度、圆柱度有哪些具体要求?

16. 印刷机的印辊可以看成一个光轴,本书图 2-17 所示的轴也是一根光轴,两根光轴在几何公差选择时有何不同?如何针对具体零件的使用要求来选择几何公差?

17. 试分析本书图 2-29 所示的减速器上下壳体的接合面的使用要求,并选择几何公差。

第 5 章　表面粗糙度与测量

一、判断题(正确的在括号内画√,错误的画×)

1. 表面粗糙度反映的是实际表面微观几何形状误差。（　）
2. 在评定表面粗糙度中取样长度应大于或等于评定长度。（　）
3. 一般情况下取样长度为评定长度的 1~5 倍。（　）
4. 基准线就是评定表面粗糙度参数值大小时规定的一条基准线,并具有几何轮廓形状。（　）
5. *Ra* 用于评定粗糙表面的表面粗糙度。（　）
6. 同一零件上工作表面的表面粗糙度值应比非工作表面大。（　）
7. $\phi 120H7$ 和 $\phi 20H7$ 两孔的尺寸精度相同表面粗糙度值也应相同。（　）
8. 对于一零件表面的尺寸精度越高,其表面规定的 *Ra* 值就应越大。（　）
9. 对于同一阶梯轴零件表面,一轴径的公差等级为 IT9,另一轴径的尺寸公差等级为 IT6,则 IT9 级的轴表面的 *Ra* 值应大于 IT6 的 *Ra* 值。（　）
10. 光切法测量表面粗糙度,适用于 *Rz* 测量。（　）

二、选择题(将正确答案的字母填写在横线上)

1. 选择表面粗糙度数值________。

　A. 越小越好　　B. 越大越好

　C. 在满足要求的情况下尽量选择较大的数值　　D. 为一固定值

2. 轮廓的算术平均偏差的代号是________。

　A. *Ra*　　B. *Rm*(*rc*)　　C. *Rz*　　D. *Rsm*

3. 表面粗糙度参数 *Rz* 多用于________。

　A. 用于光滑的表面

　B. 用于特别粗糙的表面

C. 用于宽大的表面

D. 用于窄小表面和要求不允许有较深的加工痕迹的表面

4. *Rmr*(*c*)、*Rsm* 不单独使用,要与________联合使用。

A. *Ra*　　B. *Ra* 和 *Rz*　　C. *Rz*

5. 按国家标准 GB/T1031—2009 的规定选择表面粗糙度 *Ra* 参数值基本系列范围为________。

A. 0.012~100 μm　　B. 0.008~80 μm

C. 0.025~50 μm　　D. 0.032~1 250 μm

三、填空题(将正确答案填写在横线上)

1. 表面粗糙度是指加工后的表面具有微小________和较小________所形成的________。

2. 几何形状误差分为________、________和________三种。表面粗糙度属于________误差。

3. 国家标准 GB/T 3505—2009 规定的高度特性参数有________、________两项。

4. 表面均匀性好,其评定长度________取样长度;表面均匀性差,其评定长度________取样长度。

5. 配合精度要求越高的结合面,表面粗糙度参数值应________。摩擦表面比非摩擦表面的粗糙度参数值________。

6. 表面粗糙度标注中的"最大规则"是指________________。

7. 表面粗糙度标注中的"16%规则"是指________________。

8. 表面粗糙度评定参数 *Rz* 最大值为 6.3 μm,最小值为 3.2 μm,经过电镀后得到的表面,则图样标注方式为________。

9. 经过机械加工获得到的表面粗糙度用________符号表示,不经过机械加工获得到的表面用________表示。

10. 评定表面粗糙度的参数为 *Ra*,加工方法为铣削加工,其上限值为 12.5 μm,下限值为 6.3 μm,则标注为________。

四、综合题

1. 表面粗糙度国家标准 GB/T 3505—2009 中规定了哪些评定参数?哪些是主要参数?它们各有什么特点?

2. 选择表面粗糙度参数值的一般原则是什么?选择时应考虑哪些因素?

3. 国家标准规定了哪几种表面粗糙度符号?在零件图上的表面粗糙度要求如何标注?

4. 表面粗糙度的检测方法主要有哪几种?各种方法的特点是什么?

5. 试将下列的表面粗糙度要求标注在习题图 5-1 所示的零件图上。

① 两个 20 mm 孔的表面粗糙度参数 *Ra* 的上限值均为 3.2 μm,*Rz* 的最大值均为 6.3 μm;

② 尺寸为 5 的槽两侧面的表面粗糙度参数 *Ra* 的上限值均为 3.2 μm;

③ 尺寸 50 的两端面的表面粗糙度参数 *Ra* 的上限值均为 6.3 μm、下限值为 12.5 μm;

④ 其余加工表面的表面粗糙度 Ra 的上限值均为 12.5 μm。

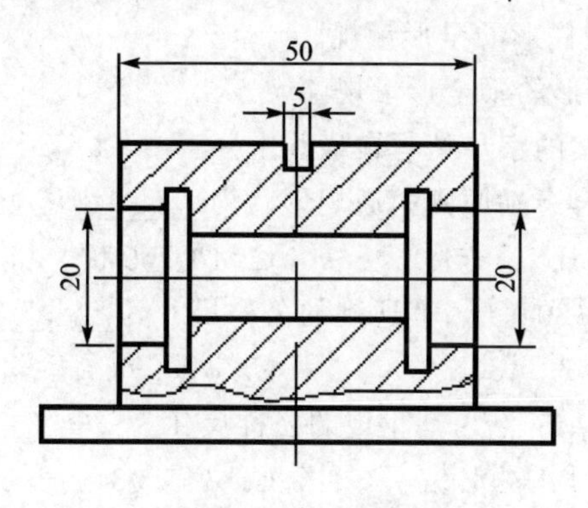

习题图 5-1　零件图

6. 试选择图 2-29 减速器输入轴的表面粗糙度值,并将表面粗糙度技术要求标注在习题图 5-2 上。

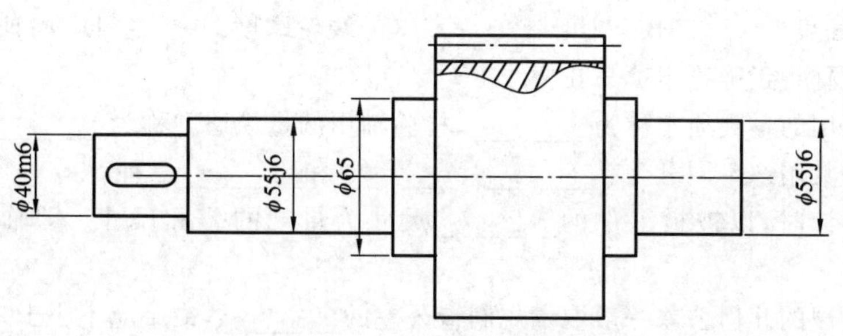

习题图 5-2　输出轴零件图

7. 试分析本书图 2-29 所示的减速器上下壳体的接合面的使用要求,并选择出表面粗糙度。

8. 表面粗糙度的幅度参数、轮廓单元的平均宽度、轮廓的支承长度率各从哪个角度对表面微观几何形状误差进行评定?它们有何区别?

第 6 章　光滑极限量规设计

一、判断题(正确的在括号内画√,错误的画×)

1. 用量规检验工件时,不仅能确定工件是否合格,还能测得工件的实际尺寸。　(　)
2. 量规的通规通过被检工件、止规不能通过被检工件,说明被检工件合格。　(　)
3. 量规的通规通过被检工件、止规也通过被检工件,说明被检工件已经成为废品。　(　)
4. 量规的通规是按照工件的最大极限尺寸制造的、止规是按照工件的最小极限尺寸制造的。　(　)
5. 量规公差带采用“完全内缩方案”,它提高了工件的加工精度,能有效地控制误收率。　(　)
6. 规定量规公差带位置要素 Z,目的是保证通规有一定的使用寿命。　(　)
7. 只有孔用量规才有校对量规。　(　)

8. 量规的几何公差等于量规的尺寸公差。 ( )

9. 孔 $\phi200$ 的通规为圆柱形的全形量规。 ( )

10. 止规的形状为两点形的不全形量规。 ( )

二、选择题(将正确答案的字母填写在横线上)

1. 检验键槽宽度的符合泰勒原则的通规形状为________。

A. 圆柱形　　B. 长方形　　C. 两点形状　　D. 长方体

2. 一孔的尺寸标注为 $\phi80^{+0.021}_{-0.010}$,其通规的公称尺寸为________。

A. $\phi80.021$　　B. $\phi80$　　C. $\phi79.99$　　D. $\phi79.90$

3. 一轴的尺寸标注为 $\phi45^{-0.03}_{-0.07}$,其止规的公称尺寸为________。

A. $\phi45$　　B. $\phi44.97$　　C. $\phi44.93$　　D. $\phi44$

4. 一轴的尺寸标注为 $\phi45^{-0.01}_{-0.04}$,其通规的几何公差值为________。

A. 0.04 mm　　B. 0.03 mm　　C. 0.015 mm　　D. 0.01 mm

5. 一轴的尺寸标注为 $\phi45^{-0.01}_{-0.04}$,其通规的几何公差项目为________。

A. 平面度　　B. 圆度　　C. 线轮廓度　　D. 同轴度

三、填空题(将正确答案填写在横线上)

1. 检验孔用的量规通常称为________、检验轴用的量规通常称为________。

2. 量规按其用途不同分为:________、________和________三种。

3. 通规设计时,以被检工件的________尺寸为量规的公称尺寸。即轴的________、孔的________。

4. 工作量规的几何公差一般取量规制造公差的________,最小应不小于________。

5. 遵守泰勒原则设计的量规,通规工作面的形状应为________、止规工作面的形状应________。通规工作面的长度应________、止规工作面的长度应________。

6. 量规的公差采用________的方案,即量规的公差带在________公差带内。

7. 量规位置要素 Z 的作用是________。

8. 检验 $\phi50$H7 工作量规的位置要素 $Z=$________,量规公差 $T=$________。

9. 检验 $\phi85$f9 工作量规的位置要素 $Z=$________,量规公差 $T=$________。

10. 检验 $\phi85$f9 工作量规的通规结构形式为________,止规的结构形式为________。

四、综合题

1. 零件图样上规定被测要素的尺寸公差与形位公差的关系采用独立原则时,该被检要素可否使用光滑极限量规检验?为什么?

2. 试述光滑极限量规的作用和分类。

3. 量规的通规和止规按被检工件的哪个实体尺寸制造?各控制工件的哪个极限尺寸?

4. 用量规检验工件时,为什么要成对使用?被检验工件合格的条件是什么?

5. 孔、轴用工作量规的公差带是如何分布的?其特点是什么?

6. 量规设计应遵守什么原则?试述该原则的具体内容。

7. 设计 $\phi50$T8 和 $\phi50$h7 孔、轴用工作量规,并画出量规公差带图。

8. 量规是用于检验、验收零件的,试分析量规的选材、尺寸公差、几何公差、表面粗糙度等方面的技术要求。

9. 校对量规有几种,各有什么样的用途?

10. 验收量规为什么选用接近磨损极限的工作量规，而不专门制造验收量规？

第7章　典型零件的公差配合与测量

一、判断题(正确的在括号内画√，错误的画×)

1. 平键连接中，键宽与轮毂槽的配合选择过盈配合。 (　)
2. 键与轴槽宽配合 N9/h9 为较松连接。 (　)
3. 较紧连接用于轴与轮毂有相对滑动的场合。 (　)
4. 平键连接的键侧面的表面粗糙度值大于键顶面的表面粗糙度值。 (　)
5. 平键连接中的键槽对称面的对称度公差按几何公差的 7～9 级选取。 (　)
6. 国家标准规定花键定心可以是大径定心、小径定心和键宽定心。 (　)
7. 花键按制造精度可分为“一般用” 和“精密传动用”两个精度等级。 (　)
8. 花键键齿几何公差有位置度和对称度公差。 (　)
9. 花键几何公差的基准是轴线。 (　)
10. 螺距累积误差对于螺纹可旋合性的影响大于单一螺距误差。 (　)
11. 对于内螺纹，其作用中径大于其单一中径。 (　)
12. 普通螺纹的中径公差是一种综合公差，因而无须规定其螺距偏差和牙型半角偏差。 (　)
13. 普通螺纹的精度不仅与其中径的公差等级有关，而且与螺纹的旋合长度有关。 (　)
14. 螺纹的大径、中径、小径公差带可选择不同的基本偏差。 (　)
15. 同一精度等级的外螺纹的中径公差等级大于大径的公差等级。 (　)
16. 内螺纹公差带的基本偏差为 G，与基本偏差为 f 的外螺纹形成过渡配合。 (　)
17. 在一般的机械中常用 P0 级，P6 级精度的滚动轴承。 (　)
18. 滚动轴承外环公差带的上极限偏差为零。 (　)
19. 滚动轴承配合中承受局部负荷的套圈的配合过盈量为大过盈配合。 (　)
20. 滚动轴承与外环配合的座孔其公差带从 A～F 中选择。 (　)
21. 与轴承外圈配合的座孔的公差带为 G6，其配合性质与 G6/h6 完全相同。 (　)
22. 与轴承内环配合的轴颈几何公差为圆度。 (　)

二、选择题(将正确答案的字母填写在横线上)

1. 标准对平健的键宽尺寸 b 规定有________公差带。

　A. 一种　　B. 二种　　C. 三种　　D. 四种

2. 平键连接中宽度尺寸 b 的不同配合是依靠改变________公差带的位置来获得。

　A. 轴槽和轮毂槽宽度　　B. 键宽

　C. 轴槽宽度　　D. 轮毂槽宽度

3. 平键的________是配合尺寸。

　A. 键宽和槽宽　　B. 键高和槽深

　C. 键长和槽长　　D. 键长与键高

4. 轴与轮毂无相对运动，传递载荷不大并且平稳，平键连接选择________。

　A. 正常连接　　B. 松连接

C. 紧密连接　　D. 松连接或是紧密连接

5. 国家标准规定的花键定心是________。

A. 键宽定心　　B. 大径定心

C. 小径定心　　D. 键宽与大径联合定心

6. 内外花键的小径定心表面的几何公差遵守________原则。

A. 最大实体　　B. 最小实体

C. 包容　　D. 独立

7. 保证普通螺纹结合的互换性,必须使实际螺纹的________不能超出最大实体牙型的中径。

A. 作用中径　　B. 单一中径　　C. 中径

8. 汽车发动机缸盖螺栓选用________螺纹。

A. 粗糙级　　B. 中等级　　C. 精密级

9. 普通减速器连接螺栓选用________螺纹。

A. 精密级　　B. 中等级　　C. 粗糙级

10. 一在腐蚀性较强条件下使用的螺纹,其表面须经镀锌,该螺纹的配合应选择________。

A. H/h　　B. H/g　　C. H/f 或 H/e

11. 承受旋转负荷的套圈与轴颈或外壳孔的配合,一般宜采用________配合。

A. 小间隙　　B. 小过盈　　C. 较紧的过渡　　D. 较松的过渡

12. 轴承外圈与公差带为 J7、M6 的外壳孔形成的配合属于________。

A. 间隙配合　　B. 过盈配合　　C. 过渡配合

13. 与滚动轴承配合的零件的公差等级应是________。

A. 1～3 级　　B. 5～7 级　　C. 9～11 级　　D. 12～18 级

14. 一轴承承受的径向负荷是 3 000N,其额定动负荷是 32 000 N,则轴承负荷大小是________。

A. 重负荷　　B. 正常负荷　　C. 轻负荷

15. 一轴承工作时内圈与轴一起旋转,外环静止不动,轴上作用一带轮与齿轮,则轴承内圈负荷类型是________。

A. 局部负荷　　B. 循环负荷　　C. 摆动负荷

16. 一轴承工作时内圈与轴一起旋转,外环静止不动,轴上作用一带轮与齿轮,则轴承外圈负荷类型是________。

A. 局部负荷　　B. 循环负荷　　C. 摆动负荷

三、填空题(将正确答案填写在横线上)

1. 键和花键连接广泛用于________和________传动件之间的________连接,用以传递________,有时也用作轴上传动件的________。

2. 平键连接的配合采用________制,花键连接的配合采用________制。

3. 平键键宽的公差为________,键长公差带为________。

4. 平键配合种类分为________、________、________三类。

5. 花键小径定心优点是________、________。

6. 一花键配合标注为 6×23H7/g7×26H10/a11×6H11/f9，则内花键是________，外花键是________。

7. 一外花键标注是 6×23f5×26a11×6d8，则大径的公差带是________、小径的公差带是________，键宽公差带是________。

8. 一内花键标注是 6×23H6×26H10×6H7，则大径的公差带是________、小径的公差带是________，键宽公差带是________。

9. 螺纹按用途分为三类：________、________、________。

10. 内螺纹的公差带有________、________两种，外螺纹公差带有________、________、________、________四种。

11. 螺纹的精度公为________、________、________三种。

12. M10×1－5g6g－S 的含义：M10 ________，1 ________，5g ________，6g ________，S ________。

13. 某普通螺纹配合标注为 M20－6H/5g6g，则其内螺纹公差带代号为________，外螺纹的公差带为________，配合性质为________。

14. 一般紧固用螺纹常用________级精度的螺纹。

15. 滚动轴承内圈采用________制，外圈采用________制配合。

16. 向心轴承精度分为________、________、________、________、________五级。其中，________级精度最高，________级精度最低。

17. 滚动轴承工作时，套圈承受________、________和________三种类型负荷。

18. 影响滚动轴承配合选择的因素有________、________、________、________。

19. 承受循环负荷的套圈配合过盈________承受定向负荷的套圈。

20. 轴承外环的工作温度增高，其配合过盈应________。

21. 轴承按承受的负荷大小来分，可分为________、________、________三种。

22. 轴承承受负荷越大，配合应________。

23. 与轴承外环配合的轴承座孔的几何公差项目是________、________，与内环配合的轴颈几何公差项目是 ________、________。

四、综合题

1. 平键连接中，采用何种基准制？为什么？

2. 平键连接配合有几种，各应用在什么场合？

3. 试选择图 2－29 所示减速器输出轴与带轮平键连接的公差与配合，并标注在零件图上。

4. 矩形花键的主要参数有哪些？为什么规定为小径定心？

5. 矩形花键按配合间隙来分分为几种，各自的用途是什么？

6. 螺纹在图样上的标注主要有哪些内容？

7. 查表确定 M20×2－6H 的中径、小径的极限偏差及公差。

8. 有一螺母 M24×2－7H，加工后实测结果为：单一中径为 22.71 mm，螺距累积误差的中径当量 $f_P=0.018$ mm，牙型半角误差的中径当量 $f_{\alpha/2}=0.022$ mm，试判断该螺母是否合格？

9. 螺纹公差精度分为几类？各螺纹公差精度的螺纹的用途是那些？

10. 滚动轴承内、外径公差带有何特点?

11. 工作温度对轴承配合有什么影响?

12. 滚动轴承负荷分为几种?各种负荷对配合选择有哪些影响?

13. 滚动轴承的负荷大小分为几种,负荷的大小对配合选择有哪些影响?

14. 试选择图2-29中输入轴上轴承的公差与配合,并将选择的公差带、形位公差、表面粗糙度标注在图面上。

15. 平键连接中,键宽尺寸为10 mm,轴槽宽公差带为N9,键宽公差为h9,轴槽对称度公差为0.2 mm,表面粗糙度为$Ra=6.3\ \mu m$,试对习题图7-1进行标注。

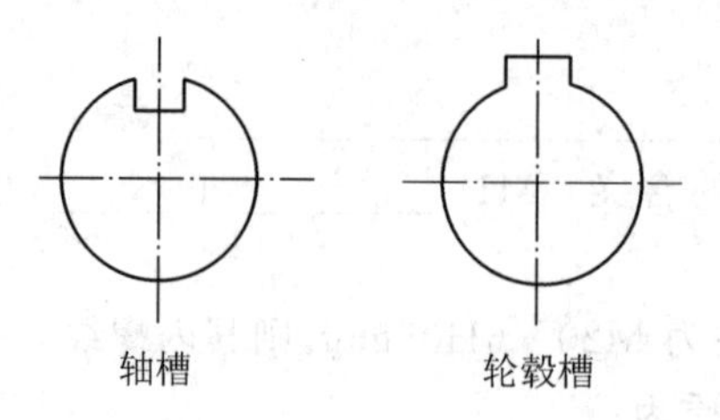

习题图7-1

16. 螺纹螺距累积误差对螺纹的旋合性能有什么样的影响?为保证螺纹的旋合性能可采取什么措施?

17. 相同螺纹公差等级的内螺纹公差为什么比外螺纹公差大32%左右?

18. 与滚动轴承配合的轴颈和外壳孔的精度设计包括哪些内容?

19. 对于与滚动轴承配合的轴颈和外壳孔,除了采用包容要求以外,为什么还要规定更严格的圆柱度公差?

20. 滚动轴承内孔公差带上偏差ES=0,公差带在零线的下方,《极限与配合》标准中的基准孔规定EI=0公差带在零线上方,既然滚动轴承是标准件,为什么不采用基准孔的公差带?

第8章 圆柱齿轮的公差与测量

一、判断题(正确的在括号内画√,错误的画×)

1. 分度机构的传动齿轮要求齿轮一转内的转角误差为3″~5″,该项技术要求为传动平衡性要求。 ( )

2. 拖拉机变速箱传动齿轮使用要求有较高的传动平衡性。 ( )

3. 齿轮减速器的齿轮侧隙可以为零或小于零。 ( )

4. 齿轮传动准确性的评定指标特点是以齿轮一转为周期。 ( )

5. 一个齿轮的单个齿距偏差f_{pt}小于齿距累积总偏差F_p。 ( )

6. 一个齿轮的k个齿距累积偏差F_{pk}大于单个齿距偏差f_{pt}。 ( )

7. 齿廓形状偏差$f_{f\alpha}$是对齿轮的齿廓迹线形状误差的评定。 ( )

8. 螺旋线倾斜偏差f_H是对齿轮的螺旋线迹线形状误差的评定。 ( )

9. 一个齿轮的齿廓形状偏差$f_{f\alpha}$和齿廓倾斜偏差$f_{H\alpha}$值都小于该齿轮的齿廓总偏差F_α。 ( )

10. 一个齿轮的螺旋线形状偏差$f_{f\beta}$和螺旋线倾斜偏差$f_{H\beta}$值都小于该齿轮的螺旋线总

偏差 F_β。（　）

11. 齿廓迹线是由测量仪器绘制出的实际齿轮齿廓相对理论齿廓的偏差线。（　）

12. 切向综合偏差是在切向综合检查仪上由产品齿轮与测量齿轮单面啮合得到的。（　）

13. 测量齿轮是用于测量产品齿轮各项偏差值的高精度齿轮。（　）

14. 径向综合偏差 F''_i 与径向跳动 F_r 都是对齿轮轮齿在圆周径向分布质量的评定指标。（　）

15. 齿轮轴线中心距偏差主要影响齿轮的齿侧间隙。（　）

16. GB/T 10095.1—2008 规定 F_{pk}、F_r 精度等级为 13 个级。（　）

17. GB/T 10095.1—2008 规定齿轮精度等级为 13 个级，其中 0、1、2 级精度为待发展级。（　）

18. F_p 与 F_r、F''_i 可以规定有不同的精度等级，但要在订货有关文件中进行规定。（　）

19. 对于同一个齿轮 F''_i 与 f''_i 可以规定有不同的精度等级。（　）

20. 对于同一齿轮的工作齿面与非工作齿面可以规定有不同的精度等级。（　）

21. 齿轮分度圆线速度越高，齿轮的精度等级也应越高。（　）

22. 齿轮轴线在公共平面内的平行度误差大于在垂直平面内的平行度误差对齿轮啮合精度的影响。（　）

23. 一般传动用传动齿轮的精度为 3～5 级。（　）

24. 由于齿轮精度对加工成本的影响较小，所以在满足使用要求的前提下，尽量选择较高的精度等级。（　）

25. 在评定齿轮精度等级时尽可能地选择 $f_{f\beta}$、$f_{H\beta}$、$f_{f\alpha}$、$f_{H\alpha}$。（　）

26. 齿面表面粗糙度影响齿轮的接触精度和传动的平稳性。（　）

27. 国家标准没有规定齿轮精度的检验项目，所以评定齿轮精度时，要对齿轮所有评定指标进行检验。（　）

28. 齿轮最小侧隙保证齿轮的啮合润滑、工作中的热变形、受力变形的需要。（　）

29. 齿轮啮合的最大侧隙是在最松的中心距、最薄的齿厚情况下得到的。（　）

30. 规定齿坯公差为了保证齿轮的加工精度。（　）

二、选择题（将正确答案的字母填写在横线上）

1. 重型机械齿轮传动的主要要求是________。

A. 传动平稳性　　B. 接触可靠性

C. 传动的准确性　　D. 传动平稳性与接触可靠性

2. 齿轮误差产生的主要原因是________。

A. 齿坯误差

B. 刀具、机床、齿轮、环境等组成的工艺系统误差

C. 数控机床软件误差

D. 操作人员的技术水平

3. ________是保证齿轮传动平稳性的技术指标。

A. F_{pk}　　B. $f_{f\beta}$、$f_{H\beta}$、$f_{f\alpha}$、$f_{H\alpha}$　　C. F''_i　　D. E_{sns}

4. ________主要影响齿轮传动的准确性的技术指标。

A. F_p　　B. $f_{f\beta}$、$f_{H\beta}$、$f_{f\alpha}$、$f_{H\alpha}$　　C. f''_i　　D. E_{sns}

5. ________是保证齿轮传动接触均匀性的技术指标。

A. F_{kp}　B. F_α、F_β　C. F''_i　D. 接触斑点

6. 在测量齿轮切向综合偏差时,测量齿轮的精度应比产品齿轮精度高________级。

A. 2　B. 4　C. 6　D. 8

7. 在测量齿轮径向综合偏差时,测量齿轮的精度应比产品齿轮精度高________级。

A. 1～2　B. 2级以上　C. 3～5　D. 5～6

8. 测量切向综合偏差时测量齿轮与产品齿轮________啮合。

A. 单面　B. 双面　C. 无要求　D. 齿顶

9. 齿轮单一齿面的评定指标有________。

A. F_r　B. F_β、F_α　C. f''_i　D. F''_i

10. 齿轮双面啮合的评定指标有________。

A. F''_i、F_r　B. $f_{f\beta}$、$f_{H\beta}$、$f_{f\alpha}$、$f_{H\alpha}$　C. f'_i　D. F'_i

11. 在齿廓迹线上评定的技术指标有________。

A. F_{pk}、F_r　B. $f_{f\alpha}$、$f_{H\alpha}$　C. f'_i　D. $f_{f\beta}$、$f_{H\beta}$

12. 在螺旋线迹线上评定的技术指标有________。

A. F_p、F_r　B. $f_{f\beta}$、$f_{H\beta}$　C. f''_i　D. $f_{f\alpha}$、$f_{H\alpha}$

13. 在切向综合误差曲线上评定的技术指标有________。

A. F''_i、F_r　B. $f_{f\beta}$、$f_{H\beta}$、$f_{f\alpha}$、$f_{H\alpha}$　C. F'_i、f'_i　D. F_β、F_α

14. 在径向综合误差曲线上评定的技术指标有________。

A. F''_i、f''_i　B. $f_{f\beta}$、$f_{H\beta}$、$f_{f\alpha}$、$f_{H\alpha}$　C. F'_i、f'_i　D. F_r

15. 径向跳动的测砧形式有________。

A. 圆锥体　B. 六面体　C. 六棱锥体　D. 圆柱体

16. GB/T 10095.1—2008国家标准对齿轮精度规定了________个精度等级。

A. 5　B. 6　C. 12　D. 13

17. GB/T 10095.2—2008国家标准对F_r规定了________个精度等级。

A. 9　B. 6　C. 12　D. 13

18. GB/T 10095.2—2008国家标准对________规定了9个精度等级。

A. F''_i、f''_i　B. F'_i、f'_i　C. F_r　D. F_β、F_α

19. 一齿轮的GB/T 10095.2—2008评定指标精度等级是8级,标注为________。

A. 7 GB/T 10095.1　B. 8 GB/T 10095.1

C. 8 GB/T 10095.2　D. 7 GB/T 10095.2

20. 一齿轮的GB/T 10095.1—2008评定指标精度等级是7级,标注为________。

A. 7 GB/T 10095.1　B. 8 GB/T 10095.1

C. 8 GB/T 10095.2　D. 7 GB/T 10095.2

21. 一齿轮的GB/T 10095.1—2008评定指标精度等级是6级,GB/T 10095.2—2008评定指标精度等级是7级,标注为________。

A. 6 GB/T 10095.1　7 GB/T 10095.2　B. 7 GB/T 10095.1　7 GB/T 10095.2

C. 6 GB/T 10095.1　6 GB/T 10095.2　D. 7 GB/T 10095.1　6 GB/T 10095.2

22. 一齿轮精度等级标注是:9 GB/T 10095.1,分度圆直径为100 mm,法向模数为m_n=

3 mm，F_p 与 f_{pt} 允许值为________。

A. 53 μm，17 μm　　B. 78 μm，26 μm

C. 55 μm，18 μm　　D. 76 μm，23 μm

23. 一齿轮精度等级标注是：6 GB/T 10095.2，分度圆直径为 150 mm，法向模数为 m_n＝4 mm，F''_i与 f''_i允许值为________。

A. 61 μm，21 μm　　B. 43 μm，15 μm

C. 30 μm，10 μm　　D. 51 μm，22 μm

24. 一齿轮精度为 7 GB/T 10095.1，分度圆直径为 150 mm，法向模数为 m_n＝4 mm，齿宽 b＝50 mm，则 F_β、F_α 允许值为________。

A. 21 μm，21 μm　　B. 30 μm，15 μm

C. 30 μm，29 μm　　D. 15 μm，15 μm

25. 一齿轮精度为 7 GB/T 10095.1，分度圆直径为 150 mm，法向模数为 m_n＝4 mm，则 $f_{f\alpha}$、$f_{H\alpha}$ 允许值为________。

A. 12 μm，9.5 μm　　B. 23 μm，19 μm

C. 16 μm，13 μm　　D. 14 μm，11 μm

26. 5 t 载重汽车变速箱用直齿齿轮，分度圆线速度为 12 m/s，其齿轮的精度等级应是________。

A. 6　　B. 7　　C. 5　　D. 8

27. 120 马力(1 马力＝735.499 W)拖拉机变速箱用斜齿齿轮，分度圆线速度为 10 m/s，其齿轮的精度等级应是________。

A. 5　　B. 6　　C. 7　　D. 8

28. 一齿轮的精度标注是：7 GB/T 10095.1，接触斑点 b_{c1} 占齿宽为________。

A. 25%　　B. 25%　　C. 45%　　D. 35%

29. 一齿轮的精度标注是：7 GB/T 10095.1，接触斑点 h_{c1} 占有效齿面高为________。

A. 50%　　B. 70%　　C. 45%　　D. 35%

30. 对低精度齿轮检验项目可选择________。

A. F'_i、f'_i　　B. F_p、f_{pt}

C. F_r、f_{pt}　　D. F''_i、f''_i

三、填空题(将正确答案填写到横线上)

1. 齿轮传动的使用要求有________、________、________、________。

2. 齿轮的加工误差是由齿轮加工________误差所引起的。

3. 齿轮加工工艺系统是由________、________、________、________所组成的。

4. 在齿轮的齿廓迹线上可以评定________、________、________三项目技术指标。

5. 在齿轮的螺旋线迹线上可以评定________、________、________三项目技术指标。

6. 齿轮齿廓偏差三项技术指标的关系为：F_α ________ $f_{f\alpha}$、F_α ________ $f_{H\alpha}$。

7. 齿轮螺旋线偏差三项技术指标的关系为：F_β ________ $f_{f\beta}$、F_β ________ $f_{H\beta}$。

8. 一个齿轮的单一齿距偏差 f_{pt} ________ F_{pk}。一个齿轮的 k 个齿距偏差 F_{pk} ________ F_p。

9. GB/T 10095.1—2008 中的评定指标有________、________、________、________、

________、________、________、________、________、________、________。

10. GB/T 10095.2—2008 中的评定指标有________、________、________。

11. 一个齿轮的单一齿距偏差 f_{pt} 影响齿轮传动的________;k 个齿距偏差 F_{pk} 和齿距累积总偏差 F_p 影响齿轮传动的________。

12. 在齿轮的切向啮合曲线上可评定齿轮的________、________。在双向啮合曲线上可评定齿轮的________、________。

13. 齿轮切向啮合是保持啮合齿轮的中心距________,齿轮径向啮合是保持啮合齿轮________。

14. 螺旋线偏差影响齿轮的________。

15. GB/T 10095.1—2008 和 GB/T 10095.2—2008 的评定指标可以有________的精度等级,也可以有________的精度等级;齿轮的工作齿面与非工作齿面可以有________的精度等级,也可以有________的精度等级。

16. GB/T 10095.1—2008 中 F_β 和 F_α ________强制性的指标,$f_{f\beta}$、$f_{H\beta}$、$f_{f\alpha}$、$f_{H\alpha}$ ________强制性的指标。

17. F_p、F_β 的精度等级为 9 级,标注成________。

18. F_r、F_{pk} 的精度等级都为 7 级,标注成________。F_r 的精度等级为 7 级,F_{pk} 的精度等级为 8 级标注成________。

19. GB/T 10095.2—2008 对 F_r 规定了________个精度等级,对 F_i''、f_i''规定了________个精度等级;GB/T 10095.1—2008 对 F_{pk}、F_p、f_{pt} 规定了________个精度等级。

20. 齿轮的精度等级 0~2 级为________,3~5 级为________,6~8 级为________,9~12 级为________。

21. 常用齿轮传动的齿轮精度等级中,拖拉机________;农业机械________;载重汽车________。

22. 传动齿轮的分度圆线速度越高,则齿轮的精度________。

23. 齿厚上极限偏差 E_{sns}、下极限偏差 E_{sni}、公差 T_{sn} 之间的关系是________。

24. 齿厚上极限偏差的计算式是________,齿厚公差的计算式是________。

25. 齿轮轴线的平行度影响齿轮传动________、________、________。

26. 齿轮轴线在公共平面内的平行度误差________齿轮轴线在垂直平面内的平行度误差对齿轮传动的影响。

27. 齿坯公差项目的________、________。

28. 齿坯公差的大小与齿轮的________有关,齿轮精度等级越高,齿坯公差应________。

29. 齿轮精度越高,齿面的表面粗糙度值应________。

四、综合题

1. 拖拉机为田间作业的动力机械,一拖拉机功率为 120 马力,试分析拖拉机变速箱齿轮传动的使用要求。

2. 手表为精密计时机械,传动功率比较小,试分析手表齿轮传动的要求。

3. 以齿轮滚齿加工为例,试分析齿轮加工误差产生的原因。

4. 齿距累积总偏差对齿轮传动有怎样的影响?

5. 齿廓总偏差与齿廓形状偏差及齿廓倾斜偏差之间有何关系?

6. 螺旋线总偏差与螺旋线形状偏差及螺旋线倾斜偏差之间有何关系？

7. 试分析切向综合总偏差与径向综合总偏差之间的区别。

8. 试分析影响齿轮接触斑点的因素。

9. 齿轮公差标准中是采取什么措施保证齿轮的齿侧间隙的？

10. 试述齿轮各精度等级的应用。以 120 马力的拖拉机为例，选择变速箱齿轮的精度等级。

11. 为什么要规定齿轮毛坯的尺寸公差、几何公差和表面粗糙度？

12. 本章中介绍的齿轮评定指标，对一个齿轮来说是要全部进行测量吗？请给出理由。

13. 对 250 马力的拖拉机变速箱齿轮应选择哪些评定指标进行测量？

14. 齿轮精度等级规定了多少级？各有什么样的用途？

15. 选择齿轮精度等级时，“在满足使用要求的前提下尽可选择较高的精度等级，以保证齿轮的传动精度”对吗？为什么？

16. 在选择齿轮轴线的平行度公差时，为什么规定在垂直平面内的偏差要高于在轴线平面内的偏差？

第 9 章　尺寸链

一、判断题(正确的在括号内画√，错误的画×)

1. 尺寸链是由组成环与封闭环所组成，但封闭环与组成环之间不存在着因果关系。（　）
2. 增环是其尺寸增大封闭环随之增大的环。（　）
3. 当尺寸链中的尺寸较多时，一条尺寸链中可以有两个或两个以上的封闭环。（　）
4. 尺寸链封闭环公差值确定后，组成环越多，每一环分配的公差值就越大。（　）
5. 在装配尺寸链中通过装配得到的尺寸是装配尺寸链中的封闭环。（　）
6. 在尺寸链中封闭环的公差可能小于某一组成环公差。（　）
7. 封闭环的公称尺寸等于所有组成环公称尺寸之和。（　）
8. 用等精度法计算尺寸链，其组成环公差之和可以大于封闭环公差。（　）
9. 在尺寸链中要减小封闭环公差，必须提高组成环的精度。（　）
10. 等精度法解算尺寸链时，所有组成环的精度等级相同。（　）

二、选择题(将正确答案的字母填写在横线上)

1. 装配尺寸链中最后自然形成的环称为________。

　A. 组成环　　B. 增环　　C. 减环　　D. 封闭环

2. 引起封闭环尺寸反向变动的组成环称为________。

　A. 减环　　B. 增环　　C. 调整环　　D. 修配环

3. 封闭环的公称尺寸等于________。

　A. 所有增环公称尺寸之和减所有减环公称尺寸之和

　B. 所有增环公称尺寸之和加所有减环公称尺寸之和

　C. 所有减环公称尺寸之和减所有增环公称尺寸之和

　D. 所有减环公称尺寸之和加所有增环公称尺寸之和

4. 习题图 9-1 所示尺寸链，封闭环为 A_0，则为增环的有________。

A. A_1、A_2　　B. A_2　　C. A_3　　D. A_4

5. 习题图9-1所示链,属于减环的有________。

A. A_1　　B. A_2　　C. A_3　　D. A_3、A_4

6. 习题图9-2所示尺寸链,属于减环的有________。

A. A_1　　B. A_2　　C. A_3　　D. A_4

7. 习题图9-2所示尺寸链,属于增环的有 ________。

A. A_1　　B. A_1、A_2　　C. A_1、A_2、A_3　　D. A_1、A_2、A_3、A_4

8. 习题图9-3所示尺寸链,封闭环 A_0 合格的尺寸有________。

A. 50.05 mm　　B. 19.75 mm　　C. 10.25 mm　　D. 10.01 mm

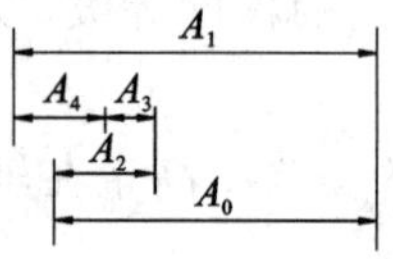

习题图9-1

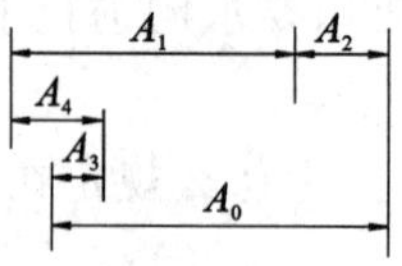

习题图9-2

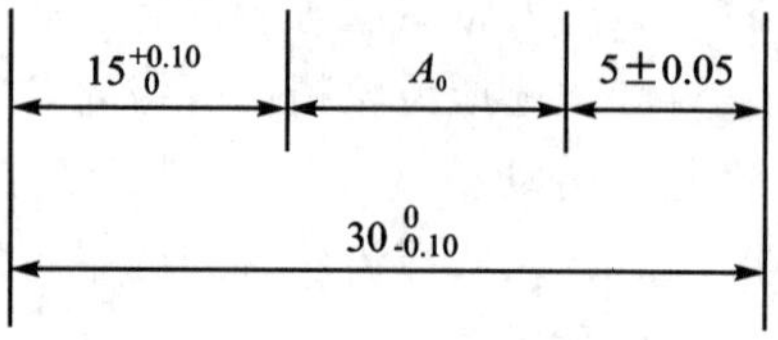

习题图9-3

三、填空题(将正确答案填写在横线上)

1. 尺寸链的两个特性是________和________。

2. 计算尺寸链通常使用________、________和________三种方法。

3. 零件尺寸链是指全部组成环为同一零件________尺寸链。

4. 零件尺寸链的封闭环是尺寸链中精度要求________的尺寸。

5. 工艺尺寸链是指全部组成环为同一零件________尺寸链。

6. 某一尺寸链是由四个尺寸环组成,增环 $A_1=20$,$A_2=15$,减环 $A_3=26$,则封闭环的公称尺 $A_0=$________。

7. 封闭环公称尺寸可以________0,也可以________0,但不能________0。

8. 某一尺寸链中增环 A_1 公差为0.20 mm,A_2 公差为0.15 mm,减环 A_3 公差为0.10 mm,则封闭环 A_0 的公差为________。

9. 用极值法计算尺寸链时,封闭环的上极限尺寸等于________________,封闭环下极限尺寸等于________________。

10. 某一四环尺寸链中增环 A_1 公差为0.25 mm,A_2 公差为0.15 mm,封闭环 A_0 的公差为0.50 mm则减环 A_3 公差为________。

四、综合题

1. 什么是尺寸链?尺寸链中的各环有何特性?

2. 按功能要求可将尺寸链分为哪几类?它们各有什么特性?并举例说明。

3. 在尺寸链中怎样确定封闭环?尺寸链中未知的环就是封闭环吗?为什么?

4. 解尺寸链主要可以解决哪几方面的问题?

5. 机床抱闸机构的有关尺寸如习题图9-4所示。已知 $A_0=0^{+0.03}_{0}$,试用完全互换法(等公差法)制订有关尺寸的极限偏差。

6. 如习题图9-5所示,孔和孔键槽的加工顺序如下:先镗孔至孔径 $\phi39.6^{+0.1}_{0}$ mm,再插

键槽至深度 A，淬火后，磨孔至图样上标注的孔径 $\phi40^{+0.025}_{0}$ mm，同时孔键槽深度达到图样上标注的尺寸 $43.3^{+0.2}_{0}$ mm。试计算工序尺寸 A 及其极限偏差。

7. 习题图 9-6 所示为链传动机构简图。按技术要求，链轮左端面与右侧轴承右端面之间应保持 0.5～1 mm 的间隙。试确定影响该间隙的有关尺寸及其极限偏差。

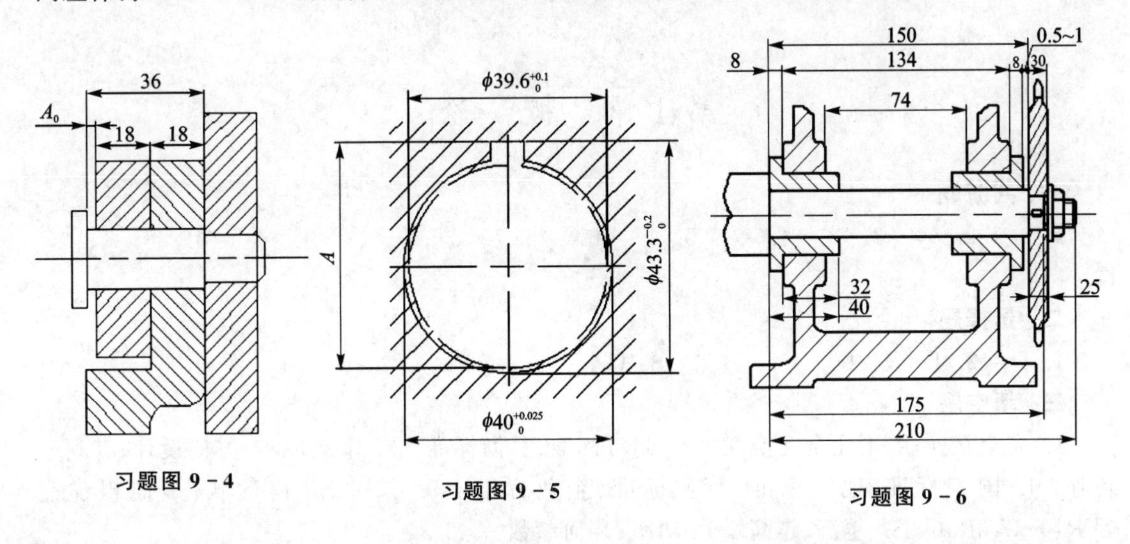

习题图 9-4

习题图 9-5

习题图 9-6

习题参考答案

第1章 概 论

一、判断题

1. √ 2. × 3. × 4. √ 5. × 6. × 7. √ 8. √ 9. × 10. √ 11. √ 12. √

二、选择题

1. D 2. B 3. D 4. B 5. C

三、填空题

1. 完全互换性、不完全互换性 2. 制订标准、贯彻标准 3. 节约成本、方便设计、有利于制造 4. 国家标准、地方标准、行业标准、企业标准 5. 尺寸、几何形状、表面粗糙度 6. R10 7. R40 8. 越高、越高 9. 功率、几何参数

第2章 光滑圆柱体的公差与配合

一、判断题

1. √ 2. √ 3. √ 4. × 5. × 6. √ 7. √ 8. √ 9. √ 10. × 11. √ 12. √ 13. × 14. √ 15. √ 16. × 17. √ 18. × 19. × 20. × 21. × 22. √ 23. × 24. × 25. × 26. √ 27. × 28. √ 29. √ 30. × 31. × 32. √ 33. √ 34. × 35. × 36. × 37. √ 38. × 39. √ 40. × 41. × 42. √ 43. × 44. √ 45. √

二、选择题

1. D 2. B 3. A 4. D 5. C 6. C 7. D 8. D 9. C 10. A 11. B 12. D 13. D 14. B 15. C 16. B 17. C 18. C 19. C 20. A 21. B 22. A 23. C 24. B 25. A 26. D 27. C 28. A 29. D 30. B 31. C 32. B 33. C 34. B 35. A 36. B 37. D 38. B 39. A 40. C 41. D 42. D 43. B

三、填空题

1. 公称要素、实际(组成)要素 2. 公称组成、公称导出 3. 理想的几何 4. 圆柱形、由二平行平面或切面 5. 轴、孔 6. 公差带、极限偏差 7. 间隙配合、过渡配合、过盈配合 8. 基孔、基轴 9. 基准孔、EI=0 10. 基准轴、es=0 11. 20,28 12. a、b、c、…、g、h、j、js、k、m、n 13. 大、小、小 14. 小、大、小 15. Δ、14 μm 16. 相同、+9 μm 17. 使用要求、经济性 18. 基孔制、结构、基轴制 19. +0.10、0、+0.05、−0.05 20. +0.21 mm、−0.15 mm 21. −0.01 mm、−0.02 mm 22. 增大、减小 23. ±0.025 mm、±0.025 mm 24. 基本偏差、标准公差 25. 基本偏差、标准公差、标准公差、基本偏差 26. ϕ25N6/h5 27. 过盈

28. ϕ80.023，ϕ79.977　29. －0.01 mm、－0.02 mm　30. 0、＋0.013 mm　31. ϕ60d7　32. ϕ60B9　33. ϕ30H7/k6　34. ϕ50M8/h7 35、JS　36. $\phi40^{-0.009}_{-0.034}$、ϕ40g7　37. $\phi80^{+0.073}_{+0.034}$、ϕ80r7　38. $\phi100^{+0.09}_{+0.036}$、ϕ100F8　39. $\phi50^{+0.024}_{-0.015}$、ϕ50J8　40. 8、±0.023 mm、8、下　41. 6、EI＝0、5、上　42. 9、上、9、es＝0　43. 相同、相同　44. 基轴制　45. 过渡配合、压力机压入、要用　46. 小间隙、低速旋转或往复运动　47. 基轴　48. f、m、c、v　49. 20℃　50. 间隙配合、间隙应越大

第3章　技术测量基础

一、判断题

1. √　2. ×　3. √　4. √　5. √　6. √　7. ×　8. ×　9. √　10. √　11. √　12. ×　13. √　14. √　15. √　16. √　17. √　18. √　19. √　20. √

二、选择题

1. D　2. A　3. D　4. A　5. C　6. A　7. B　8. D　9. A　10. D

三、填空题

1. 变动量最大允许值、测量面上任一点长度相对标称长度的偏差　2. k、0、1、2、3、0　3. 1、2、3、4、5、1　4. 最后一位、4～5块　5. 1.005 mm、1.21 mm、30 mm　6. 标准量、测量方法、测量精确度、测量对象　7. 量块、相对测量、直径、活塞销　8. 刻线间距、刻度值、测量范围、示值范围、灵敏度与放大比、示值误差　9. 0.001 mm、±0.10 mm、0～180 mm　10. 尺寸真值、绝对、相对　11. 原理误差、被测量、标准量　12. 系统误差、随机误差、粗大误差　13. 测量原理、测量方法、测量条件、测量人员　14. 听、读、记　15. 内缩、不内缩　16. 内缩　17. 被测量大小与形式、测量精确度、测量经济性　18. 1/10　19. 允许的不确定度　20. 上极限尺寸－A、下极限尺寸＋A

第4章　几何公差及测量

一、判断题

1. √　2. √　3. ×　4. √　5. ×　6. √　7. ×　8. √　9. √　10. √　11. √　12. ×　13. ×　14. √　15. √　16. ×　17. √　18. √　19. ×　20. ×　21. ×　22. √　23. ×　24. √　25. √　26. √　27. √　28. √　29. √　30. √　31. √　32. √　33. √　34. √　35. √　36. √　37. √　38. √　39. ×　40. ×

二、选择题

1. B　2. B　3. A　4. A　5. A　6. B　7. D　8. D　9. D　10. A　11. B　12. B　13. D　14. B　15. A　16. D　17. A　18. A　19. A　20. D　21. D　22. A　23. B　24. C　25. B

三、填空题

1. 形状公差、方向公差、位置公差、跳动公差　2. //、⊥、∠　3. 直线度、平面度、圆度、圆柱度、线轮廓度、面轮廓度　4. ⌖、⌭、↗、⌒　5. 2～5格、几何公差特征符号、公差值、基准字母　6. 组合基准、$A-B$　7. 与拟合要素比较原则、测量特征参数原则、控制实效边界原

则、测量坐标值原则、测量跳动原则　8. 公差带大小、公差带位置、公差带方向、公差带形状　9. 两平行平面之间的区域　10. 圆度公差带是两同心圆之间的区域,而圆柱度公差带是两同轴圆柱面之间的区域,两者的包容区域不同　11. 直线度公差带没有基准要求,同轴度公差带要与基准轴线同轴　12. 直接法、模拟法、分析法、目标法　13. 标注了基准字母　14. 无、有　15. 方向公差、位置公差、形状公差　16. 标注了基准字母　17. 标注了两个基准　18. 轴线、轴线　19. |⌒|0.015|　20. |⊕|ϕ0.20|*S*|*B*|*C*|　21. 两同轴圆柱面之间的区域、该　22. 导出　23. 倾斜度、两平行平面之间的区域、0.05 mm、G　24. 对称度、两平行平面之间的区域、0.03 mm、M　25. 几何公差、不相关　26. 上极限尺寸＋几何公差、下极限尺寸－几何公差　27. ϕ149.875　28. ϕ150.375　29. ϕ80.55 的圆柱面　30. 包容要求、最大实体、最小实体　31. Ⓔ　32. 最大实体边界　33. 最大实体状态　34. 垂直、平行、倾斜　35. 同轴、对称、确定位置　36. 0.019 mm、0.013 mm　37. 0.01 mm、0.006 mm、10.02 mm　38. 0.004 mm、0.002 5 mm　39. 低1～2级　40. 越高　41. 圆度、圆柱度、轴线直线度、跳动公差　42. 直线度、平面度　43. 两支承轴颈的公共轴线　44. 7级　45. 6级

第5章　表面粗糙度与测量

一、判断题

1. √　2. √　3. √　4. √　5. ×　6. ×　7. ×　8. ×　9. √　10. √

二、选择题

1. C　2. A　3. D　4. B　5. B

三、填空题

1. 间距、峰谷、微观几何形状误差　2. 宏观几何形状误差、微观几何形状误差、表面波度、微观几何形状误差　3. *Ra*、*Rz*　4. ≤5、≥5　5. 越小、小　6. 所测得的表面粗糙度参数值都要小于允许值　7. 所测得的表面粗糙度参数值可以有16%的个数大于允许值

8. √ 电镀 *Rz*, max6.3 *Rz*, min3.2　9. √　√(○)　10. √ 铣削 *Ra* 12.5 *Ra* 6.3

第6章　光滑极限量规设计

一、判断题

1. ×　2. √　3. √　4. ×　5. √　6. √　7. ×　8. ×　9. ×　10. √

二、选择题

1. D　2. C　3. C　4. C　5. B

三、填空题

1. 塞规、环规　2. 工作量规、验收量规、校对量规　3. 最大实体尺寸、上极限尺寸、下极限尺寸　4. 50%、0.001 mm　5. 完全形状、两点状、为被检孔、轴的全长、为被检孔轴的部分长度　6. 完全内缩、尺寸　7. 保证量规有一定的使用寿命　8. 4 μm、3 μm　9. 10 μm、7 μm　10. 环规或卡规、卡规

第7章 典型零件的公差配合与测量

一、判断题

1. × 2. × 3. × 4. × 5. √ 6. × 7. × 8. √ 9. √ 10. √ 11. × 12. √ 13. √ 14. √ 15. × 16. × 17. √ 18. √ 19. × 20. × 21. × 22. √

二、选择题

1. A 2. A 3. A 4. A 5. C 6. C 7. A 8. C 9. C 10. C 11. B 12. C 13. B 14. B 15. B 16. A

三、填空题

1. 轴、轮毂、固定连接、转矩、导向 2. 基轴、基孔 3. h8、h14 4. 正常连接、松连接、紧密连接 5. 定心精度高、传递转矩大 6. 6×23H7×26H10×6H11、6×23g7×26a11×6f9 7. a11、f5、d8 8. H10、H6、H7 9. 紧固、传动、密封 10. G、H、e、f、g、h 11. 粗糙、中等、精密 12. 公称直径、中径公差带、大径公差带、短旋合长度 13. M20-6H、M20-5g6g、间隙 14. 粗糙 15. 基孔、基轴 16. P0、P6、P5、P4、P2、P2、P0 17. 局部负荷、摆动负荷、循环负荷 18. 负荷类型、负荷大小、工作温度、结构形式 19. 大于 20. 减小 21. 轻负荷、正常负荷、重负荷 22. 越紧 23. 圆度、孔肩的轴向圆跳动、圆度、轴肩的轴向圆跳动

第8章 圆柱齿轮的公差与测量

一、判断题

1. × 2. √ 3. × 4. × 5. √ 6. √ 7. √ 8. × 9. √ 10. √ 11. √ 12. √ 13. √ 14. √ 15. √ 16. × 17. √ 18. √ 19. × 20. √ 21. √ 22. × 23. × 24. × 25. × 26. √ 27. × 28. √ 29. √ 30. √

二、选择题

1. D 2. B 3. B 4. A 5. D 6. B 7. B 8. A 9. B 10. A 11. B 12. B 13. C 14. A 15. D 16. D 17. D 18. A 19. C 20. A 21. A 22. D 23. B 24. A 25. C 26. A 27. D 28. D 29. A 30. C

三、填空题

1. 准确性、平稳性、接触均匀性、合理侧隙 2. 工艺系统 3. 机床、刀具、夹具、环境 4. F_{α}、$f_{f\alpha}$、$f_{H\alpha}$ 5. F_{β}、$f_{f\beta}$、$f_{H\beta}$ 6. ≥、≥ 7. ≥、≥ 8. ≤、≤ 9. F_{pk}、F_{p}、F_{β}、F_{α}、F'_{i}、f'_{i}、f_{pt}、$f_{f\beta}$、$f_{H\beta}$、$f_{f\alpha}$、$f_{H\alpha}$ 10. F''_{i},f''_{i}、F_{r} 11. 平稳性、准确性 12. F'_{i}、f'_{i}、F''_{i}、f''_{i} 13. 不变、双侧齿面始终接触 14. 传动平稳性 15. 不同、相同、相同、不同 16. 是、不是 17. 9(F_{p}、F_{β})GB/T 10095.1 18. 7(F_{pk}) 7(F_{r})GB/T 10095.1、GB/T 10095.2,8(F_{pk}) 7(F_{r})GB/T 10095.1、GB/T 10095.2 19. 13,9,13 20. 待发展级、高精度等级、中等精度等级、低精度等级 21. 6～9、8～11、6～9 22. 越高 23. $T_{sn}=E_{sns}-E_{sni}$ 24. $|E_{sns}|=\dfrac{j_{bn,min}}{2\times\cos\alpha_{n}}$、$T_{sn}=$

$\sqrt{F_r^2+b_r^2}\times 2\tan\alpha_n$　25. 平稳性、接触均匀性、齿侧间隙　26. 小于　27. 基准面和安装面的形状公差、安装面的跳动公差　28. 精度、越高　29. 越小

第9章　尺寸链

一、判断题

1. ×　2. √　3. ×　4. ×　5. √　6. ×　7. ×　8. ×　9. √　10. √

二、选择题

1. D　2. A　3. A　4. A　5. D　6. D　7. C　8. D

三、填空题

1. 封闭性、相关性　2. 极值法、等精度法、概率法　3. 设计尺寸所组成的　4. 最低　5. 工艺尺寸所组成的　6. 9　7. >、=、<　8. 0.45 mm　9. 所有增环上极限尺寸之和减去所有减环下极限尺寸之和、所有增环下极限尺寸之和减去所有减环上极限尺寸之和　10. 0.1 mm